研究生系列教材

工程量清单计价模式下的投标报价风险管理

李海凌　周　昕　李　彭　陈泽友　著

机 械 工 业 出 版 社

本书以投标人的视角，基于招标文件的理性客观分析，讲解了工程量清单计价模式下的投标报价风险因素清单的设计、工程量清单计价模式下的投标报价风险评价指标体系的构建，介绍了基于层次分析法进行风险指标权重的确定，依据投标报价风险指标的权重进行指标风险排序，并对排序结果进行了风险应对分析。

书中量化分析了工程量清单计价模式下投标过程中存在的各种风险，对投标人的投标决策路径给出了风险管理流程化建议，有助于提高其市场竞争力，减少投标报价的盲目性，学会应对及防范投标过程中存在的各种风险，对其市场竞争力的提高有实践性指导意义。

本书可作为工程造价管理、工程项目管理、土木工程及相关专业的研究生教材，也可供建设工程领域从事招投标、工程管理的技术管理人员及科研人员学习参考。

图书在版编目（CIP）数据

工程量清单计价模式下的投标报价风险管理/李海凌等著 . —北京：机械工业出版社，2020. 5

ISBN 978-7-111-65215-1

Ⅰ. ①工… Ⅱ. ①李… Ⅲ. ①建筑工程 – 投标 – 工程项目管理 – 风险管理 – 研究 Ⅳ. ①TU723. 2

中国版本图书馆 CIP 数据核字（2020）第 052957 号

机械工业出版社（北京市百万庄大街 22 号　邮政编码 100037）

策划编辑：刘　涛　责任编辑：刘　涛　高凤春

责任校对：潘　蕊　封面设计：马精明

责任印制：常天培

北京虎彩文化传播有限公司印刷

2020 年 5 月第 1 版第 1 次印刷

169mm×239mm · 8 印张 · 149 千字

标准书号：ISBN 978-7-111-65215-1

定价：48.00 元

电话服务　　　　　　　网络服务

客服电话：010-88361066　机 工 官 网：www. cmpbook. com

　　　　　010-88379833　机 工 官 博：weibo. com/cmp1952

　　　　　010-68326294　金 书 网：www. golden-book. com

封底无防伪标均为盗版　机工教育服务网：www. cmpedu. com

前　言

随着我国建筑业产值利润率增速放缓，产能过剩的局面已初现端倪。建筑业在规模增长的同时，企业数量越来越多，竞争日趋激烈。企业要想生存并获取利益，必须高度重视投标报价的风险管理研究工作，以更好地识别风险，在投标报价时考虑相关风险因素，从而降低中标后项目实施过程中的风险，保证预期的利润。

本书从投标人的角度，介绍了基于招标文件的理性客观分析，排除人为主观风险因素（造价人员专业能力、失职、围标、串标、企业资质等）对投标报价的非常规影响，依据招标文件中拟签订的通用合同条款、专用合同条款、工程量清单和图纸进行风险识别的方法，并据此设计工程量清单计价模式下的投标报价风险因素清单。

本书的主要特点：

1. 在投标报价风险因素清单的基础上，构建工程量清单计价模式下的投标报价风险评价指标体系。

2. 基于层次分析法，借助 yaahp 软件进行风险指标权重的确定。

3. 依据投标报价风险指标的权重进行指标风险排序，并对排序结果进行风险应对分析。

4. 通过工程实例进行风险识别、分析及应对示例，将上述理论与方法融入到实际操作中。

5. 建立了以投标报价风险管理工程师为核心，引入风险管理部门，同时注重风险管理部门和报价部门投标报价工作并行联系的基于风险管理的投标报价流程，并对投标报价风险管理工程师的职责进行了分析。

6. 在工程量清单计价模式下，量化分析投标过程中存在的各种风险，为建筑企业提供了一套理论上切实可行，又便于实际操作的投标报价风险量化方法，对投标人的投标决策路径给出了风险管理流程化建议，以提高其市场竞争力，减少投标报价的盲目性。

本书由西华大学土木建筑与环境学院李海凌教授主持撰写并统稿，四川省建设工程招标投标管理总站周昕高级工程师、西华大学硕士研究生李彭、西华大学土木建筑与环境学院陈泽友副教授参加撰写。

本书的编写得到四川省教育厅项目"工程项目群工作流模型构建及资源优

化"（项目编号：16ZA0165）、绿色建筑与节能重点实验室项目"基于BIM的建筑垃圾生命周期管理系统研究"（项目编号：szjj2017-071）、西华大学重点项目"基于HTCPN的工程项目群资源建模与仿真优化"（项目编号：z1320607）、西华大学教育教学改革项目"技术管理型课程'案例式-启发式-互动式'多维教学方法体系研究"（项目编号：xjjg2017110）、西华大学研究生教育改革创新项目"'案例式-启发式-互动式'多维教学方法体系研究"（项目编号：YJG2018026）、西华大学研究生示范课建设项目"建设项目风险管理"（项目编号：SFKC2018004）及四川旭日工程项目管理有限公司的资助。

本书在撰写过程中参考了一些相关资料和案例，在此对这些资料和案例的作者以及相关人员表示感谢。

作　者

目　录

第1章 绪 论

1.1 问题的提出

改革开放以来，我国的建筑业发展取得了长足的进步，全行业一直处于扩张状态，不仅行业生产能力持续扩大，而且建筑业的人数及企业数量也逐渐增长。2003 年我国国内生产总值 136564.6 亿元，其中建筑业总产值 23083.9 亿元，占国内生产总值的 16.9%；到 2018 年，全年国内生产总值 900309 亿元，其中建筑业总产值 235086 亿元，占国内生产总值的 26.11%，由 16.9% 增加到 26.11%[1]。

2009—2018 年的国内生产总值、全国建筑业增加值、国内生产总值增速、建筑业增加值增速的数据，如图 1-1 所示。在国内生产总值增速放缓的情况下，建筑业增加值及增速也在放缓，但其作为我国国民经济中的重要支柱性产业，对我国经济的拉动仍有着举足轻重的作用。

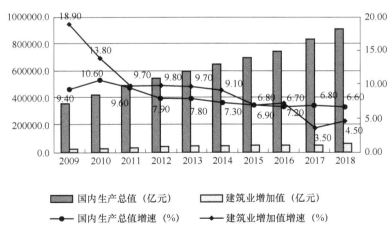

图 1-1　2009—2018 年国内生产总值、建筑业增加值及增速[1]

建筑业的发展也推动了整个行业的市场化逐步向标准化、国际化的方向发展。根据图 1-2 所示的 2009—2018 年全国建筑业企业利润总额及增速数据[1]，可以看出，虽然建筑业利润总额保持着持续稳定增长的速度，但建筑业产值利润总额增速趋势却日渐缓慢，建筑业企业从业人数量和企业数量的迅猛发展已使建筑业出现产能过剩的局面。

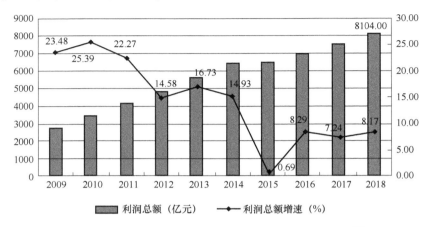

图 1-2　2009—2018 年全国建筑业企业利润总额及增速[1]

　　在国内整体经济增速放缓的同时，供给侧结构性改革的大幕已经拉开。作为国民经济的支柱产业，建筑业的转型升级与持续健康发展是最近几年的热门话题，国家也一直在坚持以去产能、去库存、去杠杆、降成本、补短板为重点的供给侧结构性改革主线，希望进一步优化市场环境，提升工程质量安全水平，强化队伍建设，培养高素质、高水平的建筑人才，以打造"中国建造"品牌，实施"走出去"战略。

　　建筑市场是进行建筑商品和相关要素（包括原材料、设备、构件、资金、技术和劳务）交易的场所。建筑市场中推行招投标制度可以使资源通过市场配置得到更充分合理的利用，它是市场经济的必然产物。通过招投标方式可以用合理的价格获取合格的建筑产品，而我国建筑业在规模增长的同时，企业数量越来越多，竞争越趋激烈，企业要想生存并获取利益，必须高度重视投标报价的风险管理研究工作，使建筑企业更好地识别风险、规避防范风险，增加中标机会。风险管理对建筑企业市场竞争力的提高能给予实践性的指导。

1.2　研究目的与研究意义

1.2.1　研究目的

　　工程量清单计价的实用性和科学性使其成为国际普遍采用的计价模式。工程投标市场的竞争激烈，对投标人来说，最终投标报价的确定是投标过程中的一大难题，要想增加企业的中标概率，为企业带来更多的利益，就必须对投标报价过程中存在的各种风险有全面的认识和了解，做出科学的投标报价决策，争取在激烈的投标市场竞争中趋利避害，为企业获得更多的利润，让企业有更加广阔的发展前景。

本书站在投标人的角度，在工程量清单计价模式下，量化分析投标过程中存在的各种风险，为我国的投标企业提供一套理论上切实可行又便于实际操作的投标报价风险量化体系，对投标人的投标决策路径给出风险管理流程化建议，以提高其市场竞争力，减少建筑企业投标报价的盲目性，辅助建筑企业学会应对及防范投标过程中存在的各种风险，对其市场竞争力的提高给予实践性指导。

目前，施工阶段的合同签订大多是在《建设工程施工合同（示范文本）》（GF—2017—0201）（以下简称《示范文本》）的基础上，依据项目自身的特点，在《示范文本》的专用条款中进行具体约定。因此，本文的研究将以投标人的视角，基于合同文件（投标时，为招标文件）的理性客观分析，排除人为主观风险因素（造价人员专业能力、失职、围标、串标、企业资质等）对投标报价的非常规影响，依据《示范文本》的通用合同条款和专用合同条款，以及工程量清单和图纸进行风险识别分析，并据此设计工程量清单计价模式下的投标报价风险因素清单。

《示范文本》适用于房屋建筑工程、土木工程、线路管道和设备安装工程、装修工程等建设工程的施工承发包活动。因此，本文的研究对象为：房屋建筑工程、土木工程、线路管道和设备安装工程、装修工程等建设工程。

1.2.2　研究意义

1. 研究的理论意义

系统和全面地分析国内工程量清单计价模式下的投标理论和方法，站在投标人的角度，基于实践，通过对招标文件的全面梳理，充分识别工程量清单计价模式下建筑企业投标过程中存在的风险，建立风险列表。研究的思路及切入点与实践结合紧密，丰富了投标风险的识别方法，有利于实践与理论的结合。

2. 研究的现实意义

站在投标人的角度研究工程量清单计价模式下的投标报价风险，依据《建设工程工程量清单计价规范》（GB 50500—2013）合理有效地找出风险源，进行风险识别；探索这些风险对建筑企业投标的影响，从而辅助建筑企业更加有效地进行投标报价。可以使建筑企业更好地识别、规避风险，可让建筑企业在考虑风险因素和自身优缺点的情况下进行合理的投标报价，增加施工单位中标概率，同时降低报价风险。

1.3 国内外研究现状

1.3.1 工程项目风险管理研究现状

1. 国外研究现状

对项目风险管理的研究最早始于德国，第一次世界大战结束之后，德国作为战败国为了重振经济，引入了风险管理（Risk Management）的概念。20 世纪，随着世界经济快速发展，快速增长的经济收益给各行各业带来了前所未有的风险，使风险管理进入了理论研究范畴，研究风险、管理风险、制定措施降低风险成为专家学者重点研究的内容。

21 世纪，风险管理研究更加多元，更加细化，不同行业的风险管理被广泛研究，工程项目风险管理是专家学者研究的重点内容之一。

C. B. Chapman 在 *Risk Analysis for Large Projects：Models，Methods and Cases* 一书中定义风险工程是为了更加有效地进行风险管理而集成各种风险的分析技术[2]。

Jeffrey 从风险控制角度研究风险管理，对风险因素进行细分，并针对不同的风险采取不同的管理方法[3]。

Fairly 将项目风险管理分为七个步骤，分别为：辨识风险因子、估算风险概率和后果、制定减轻风险策略、监控风险因子、调用紧急计划、处理项目危机及项目从危机中复苏[4]。

Tunmala 提出了包含风险识别、风险度量、风险评价和风险监控四个环节的风险管理体系[5]。

美国系统工程研究所（SEI）将工程项目风险管理过程分为六个部分：风险识别、风险分析、风险计划、风险跟踪、控制计划和风险沟通[6]。

美国项目管理协会制定的 PMBOK 中描述的风险管理过程为：风险管理规划、风险识别、风险定性分析、风险量化分析、风险应对设计、风险监视和控制六个部分。美国国防部根据其管理实践，建立了相对科学的风险管理基本过程和体系结构。

AliJaafri 提出了生命周期风险管理 LCPM，在动态模型中将风险管理过程贯穿于项目的整个生命周期[7]。

Faber 和 Stewart 认为风险分析不是单一的过程，而是随着工程需要、经验积累、与系统有关的事故等其他信息的出现而不断改变规则监测的过程[8]。

工程风险管理发源于西方发达国家，是在工程项目大量建设的实际需要中发展起来的。规范的、体系化的风险管理理论起源于 20 世纪 60 年代的美国，现已成为管理科学中重要的内容，并且朝着独立学科内容的方向发展。风险管理的关键流程主要包括识别、评价和应对等基本环节，并构成一个完整闭环的风险管理流程，在风险赋存的系统消失前该闭环管理始终处在循环运行状态。

专家学者们对工程风险管理流程的划分尽管有所不同，但对风险识别、风险评价、风险监控及风险应对这四个基本步骤均是认同的。

2. 国内研究现状

改革开放后，随着我国工程项目开发建设步伐的加快，各种风险因素突显，专家学者们的研究视角开始转移到工程项目上来，改革开放前的工程属于计划经济范畴，风险管理研究范围较小，研究内容也不够深入；20世纪90年代开始，商业投资加大，理论界开始更多地关注与研究工程项目风险，风险管理才有了较快发展。

清华大学的郭仲伟教授是最早进行项目风险管理研究工作的，1987年在其《风险分析与决策》一书中详细介绍了项目风险的特点，系统研究了风险分析和决策的方法。之后又陆续引进了国外先进的风险管理研究理论，相关理论在行业内的应用和实践效果明显，随后越来越多的国内学者开始参与项目风险管理的研究。

王卓甫教授认为工程项目风险管理分为风险的识别、估计、评价、应对和监控五个阶段，并且对该五个阶段进行了全面的阐述[9]。

沈建明将项目风险管理过程划分为：风险规划、风险识别、风险估计、风险评价、风险应对、风险监控六个阶段和环节[10]。

常虹等人在总结前人研究的基础上，对项目生命周期内的各个环节产生的风险类别、风险因素等用矩阵模式反映出来，对工程项目风险的动态管理有重要的参考意义[11]。

马世超提出了基于利益相关者和生命周期的动态风险管理体系。分别从利益相关者和生命周期两个角度探讨了风险的动态性特征，将项目风险、项目利益相关者和生命周期有机结合，系统地阐述了实施建设项目的动态风险管理体系的建议[12]。

王光荣分别对以外部环境为风险源向项目内部的扩散和以项目内部为风险源向外部环境的扩散进行了介绍。在其论述中对项目环境风险源进行了识别，研究了建筑工程项目环境风险的形成、转化、传导与扩散机理，对实现项目与自然、项目与人、项目与社会的协调与发展有一定的借鉴意义[13]。

王雄飞对某建筑安装工程项目的风险管理进行了研究，运用层次全息模型、专家调查法、风险清单法对风险进行识别，得出风险因子清单表，然后利用模糊层次分析法进行详细的风险评价，并利用MATLAB软件进行测算得出影响权重值，最后对项目总包商提出了风险应对措施和建议[14]。

此外，还有一些研究者从通信、信息等角度分析和探讨工程项目风险管理，研究范围不断拓展，研究领域不断细化，研究程度不断加深。随着我国市场经济体制的不断完善，"政府引导，社会参与，市场运作"的运营模式得到真正实行，项目风险意识也得到空前提高，尤其是近几十年来，我国项目风险管理在理论研究和实践应用方面都取得了很大的成绩。就目前的研究情况来看，我国在理论研究和实践应用方面较西方发达国家还是存在一定差距，引进、吸收和消化国外先进理论和经验是当前我国项目风险管理领域的常态。

1.3.2 工程项目风险识别研究现状

1. 国外研究现状

有学者认为风险识别是风险管理人员在对主体所在外部宏观和内部微观风险环境分析的基础上，根据风险管理的目标，运用专门的风险识别技术，开展收集有关风险源、风险因素、风险事件和损失暴露等方面的信息的活动，通过对这些信息进行加工处理，最终识别出潜在风险的过程。

J. Turner 较为全面地研究了风险识别理论及方法，为风险识别理论奠定了研究基础[15]。

美国空军电子系统中心的采办工程小组提出了风险矩阵法，这种方法的技术内涵在于从项目的需求和技术可能性两方面进行项目风险识别和风险概率计算，并构建风险矩阵，采用序值法确定关键风险，并处理风险[16,17]。

美国航空航天局的 Jacob Burns 和 Jeff Noonan 以及 Lambert 等人均提出了风险全息层次模型和风险过滤、排序和管理框架，并对高技术项目的风险进行量化分析[18,19]。

H. Choi 运用调查表（Survey Sheets）和详细检查表（The Detail Check Sheets）进行风险识别工作，以基于模糊概念的不确定模型为理论，开发风险评价软件并应用于地铁工程评价[20]。

Hadipriono 等引入模糊事件树分析（FETA）技术，用于识别导致结构失稳的原因。Fujino 用模糊故障树法（EFTA）对日本施工现场事故中的一些简单事例进行了分析[21]。

David Hillson 提出了将 WBS-RBS 矩阵应用于项目风险识别，并详细描述了基于 WBS-RBS 矩阵的风险管理[22]。

各种数理分析方法及模型被广泛地用于风险管理研究中，为风险管理的科学化、精细化提供了数理依据和支持。但其关于风险识别工作的研究多是借鉴其他领域的较多，缺少工程领域专门的研究方法与思路，具有一定局限性，需要深入研究。

2. 国内研究现状

王育宪认为风险识别就是一个找出存在哪些风险以及分析发生这些风险的主要原因的过程[23]。

李金昌、黄劲松指出风险识别就是找出隐藏在风险后面的风险因子，并给出各风险因子对风险影响程度的判别[24]。

练章富从工程参与方角度研究风险管理，对工程项目风险管理的研究基于EPC总承包模式，对项目生命周期内的各阶段系统研究后，识别各阶段的风险，并从总承包角度制定解决对策[25]。

向鹏成、常徽对跨区域重大工程项目风险识别进行了研究，引入全息层次模型得到项目风险清单，建立跨区域重大工程项目的风险识别模型，克服了传统风险识别方法的不足[26]。

梁华在《建设工程工程量清单计价规范》（GB 50500—2003）的基础上通过建立WBS的报价风险识别系统来识别投标报价风险，然后应用蒙特卡罗模拟方法，运用MATLAB软件对投标报价风险进行分析[27]。

程卫帅等人建立系统模型进行风险识别，并对风险实例进行评价，取得了一定实践效果[28]。

王振飞针对具体工程采用WBS分解、核对表、专家问卷相结合的方法识别工程风险并提出应对措施[29]。

周红波等采用WBS方法对上海某超长轨道交通基坑工程工作结构进行分解，采用故障树法对风险事件和风险因素进行识别，应用综合集成风险评价方法进行风险评价，得出各类基坑的风险等级[30]。

风险识别的方法还有：德尔菲法、核对表法、WBS方法、头脑风暴法、SWOT技术、经验常识和判断、敏感性分析、系统分析法、故障树分析法等。

项目风险的识别在于准确识别工程项目所面临的现存以及潜在风险，确定可能阻碍项目发展的因素，为下一步风险评价提供依据。同时，项目风险识别方法也直接决定了风险识别的精确度以及项目风险的后续管理，因此，选择适当的风险识别方法至关重要。

1.3.3 工程项目招投标风险管理研究现状

1. 国外研究现状

招投标制度起源于1782年的英国，至今已经有两百多年的历史；美国、日本规定，政府招标的工程必须采用公开招标的形式；此外，对投标人也要进行非常严格的资格审查。招投标制度成为建设工程招投标重要的法律保障。对于工程项目招投标的风险管理研究，不同国家因其行业制度和文化背景的差异，其研究的内容方向差异也较大。然而，即便在日益完善的法律保证的前提下，工程项目招投标阶段风险事件的发生仍然不可避免。

Milgrom P. R认为，招投标风险管理工作就是通过对风险的预测、识别和衡量，并选择有效的手段和措施尽可能地降低风险成本，按照计划有条不紊地应对和处理风险，从而保证招标结果的合格程度[31]。

Willenbrock将招标人在投标竞争环境下择优选取中标人的过程，视作一个风险性决策问题。将各个投标人给出的报价看作不同的行动方案，通过建立相应的期望效用模型来决策本次的最优报价方案，即视为此次招标的最优方案[32]。

Seydel 等人则提出了基于多准则决策技术（Multi-Criteria Decision-Making, MCDM）的报价选择方法，该方法可以反映决策者的决策偏好以及对风险持有何种态度[33]。

Sadegh Asgari 等人提出了基于代理建模方法的业主业绩风险研究，文中提到竞争性招标是市场分配项目的主要机制[34]。

国外专家学者对招投标风险管理的研究起步较早，他们的研究包含两个角度：一个是从招标人的角度进行招标风险评价，对其招标行为进行辅助决策；另一个是从投标人的角度进行投标风险评价，对其投标行为进行辅助决策。

2. 国内研究现状

我国工程项目招投标制度的发展起步较晚，自20世纪80年代发展至今。随着建设工程招投标制度和市场管理体系的完善，特别是《中华人民共和国招标投标法》颁布实施以来，招投标市场发展总体趋势良好，招投标制度在控制投资成本、降低投资风险、提高投资质量、预防和减少腐败、增加交易透明度等方面发挥着积极有效的作用。在这个过程中很多以往被人们忽视的风险因素变得越发明显，甚至成为影响投标人能否中标的关键因素，招投标风险管理研究工作也渐渐成为许多专家学者的重要研究内容。

茅建木分别从业主和承包商两个角度出发，强调了在电力工程建设中，工程担保和工程保险作为防范风险手段的重要性，并分析识别出了设计风险、施工风险、经济风险等其他风险[35]。

叶菱阐述了当前我国招投标发展的现状，并针对当前工程建设招投标面临的风险，提出了完善监管体系、建立科学的投标单位审查模型和加强对投标单位的监管三种措施的建议[36]。

吴进伟简述了工程项目的招投标风险管理内涵，并重点分析了在工程量清单计价模式下的工程项目招投标风险管理的重要性，同时给出了投标人如何提高中标机会的相应措施和建议[37]。

潘登简述了当前国内外工程投标风险管理现状，对工程项目的投标风险管理进行了理论分析，提出了基于 ANP 的风险评价思路，通过量化投标风险因素，并推导出投标报价风险系数，为建筑企业进行投标报价风险计算提供了理论基础[38]。

曾增和宋伟基于业主的视角对招标活动中主要的风险来源进行了识别和判断，他们认为在招标过程中业主所面临的风险在客观上是存在的，并运用层次分析法建立了风险评估模型，通过该模型分析得出影响风险水平的主要因素[39]。

韩永晖基于招标代理机构的视角探讨了项目招标过程中的一些常见风险，并就风险识别、风险评估以及防范等做了初步探讨[40]。

国内的专家学者从不同的主体和不同的角度出发进行了招投标风险管理的研究。有宏观的招投标制度、体系的研究，也有微观的投标风险量化模型的构建。

1.3.4　综合评述

风险识别的方法比较多，可根据研究对象的特性进行方法的选择。工程项目投标报价阶段的风险识别大多是从投标报价决策角度、投标管理角度探究建筑企业投标报价中存在的问题和不足。根据投标报价的费用构成，基于招标文件的分析进行风险识别的研究路径鲜有涉及。因此，本书将站在投标人的角度，基于招标文件的理性客观分析，排除人为主观风险因素（造价人员专业能力、围标、串标、企业资质等）对投标报价的非常规影响，依据通用合同条款、专用合同条款、工程量清单和图纸进行风险识别，并据此设计工程量清单计价模式下的投标报价风险因素清单。

风险评价的方法也比较多。从投标人的角度进行风险评价的研究路径大多是构建投标风险量化模型，对投标报价进行辅助决策。如何根据投标报价的费用构成，进行具体微观的量化应对分析则鲜有涉及。

1.4　研究内容、方法及技术路线

1.4.1　研究内容

研究内容分为七部分，具体如下：

第 1 部分：绪论。首先介绍研究背景，然后阐明研究目的和意义，随后进行文献综述，梳理国内外工程项目风险管理研究现状、工程项目风险识别研究现状及工程项目招投标风险管理研究现状，最后阐述研究内容、研究方法和研究技术路线。

第 2 部分：工程量清单计价模式下投标报价风险研究理论基础。阐述了工程量清单计价的概念、特点、实施程序及现状分析。然后，分别阐述投标报价风险、风险识别、风险评价的概念，确定风险识别方法及风险评价方法，为第 3 章和第 4 章的投标报价风险分析研究做好理论基础准备。

第 3 部分：工程量清单计价模式下投标报价风险识别。依据招标文件中拟签订的通用合同条款、专用合同条款、工程量清单和图纸进行风险识别，将识别出的风险因素罗列成投标报价风险因素清单，为第 5 部分投标报价风险评价做好准备。

第 4 部分：工程量清单计价模式下投标报价风险评价。首先，建立工程量清单计价模式下的投标报价风险评价指标体系；其次，基于指标权重确定方法——层次分析法（The Analytic Hierarchy Process，AHP），借助 yaahp 进行风险指标权重的确定；最后，依据投标报价风险指标的权重进行指标的重要性排序，并对排序结果进行分析。

第5部分：工程量清单计价模式下投标报价风险应对及流程优化。基于风险管理进行投标报价流程优化，引入投标风险工程师，突出投标风险工程师的职责。

第6部分：工程项目风险实例分析。对实际工程的招标文件中拟签订的通用合同条款、专用合同条款、工程量清单和图纸进行风险识别、应对演示，理论联系实际。

第7部分：结论与展望。进行研究总结，对今后的研究提出展望。

1.4.2　研究方法

主要采用以下研究方法：

1）文件查阅法：依据招标文件中拟签订的通用合同条款、专用合同条款、工程量清单和图纸进行风险识别。

2）清单列表法：将识别出的风险因素设计成投标报价风险因素清单。

3）层次分析法（AHP）：运用AHP进行投标报价风险指标权重计算，据此进行投标报价的风险指标重要性排序。

1.4.3　研究技术路线

研究技术路线如图1-3所示。

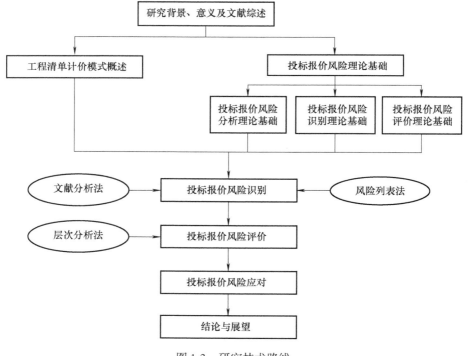

图1-3　研究技术路线

第2章 工程量清单计价模式下
投标报价风险研究理论基础

2.1 工程量清单计价模式

2.1.1 工程量清单计价的概念

我国建设工程计价模式主要经历了以下几个阶段：第一阶段，从新中国成立初期到20世纪50年代中期，是无统一预算定额与单价情况下的工程造价计价模式，这一时期主要是通过设计图计算出的工程量来确定工程造价；第二阶段，从20世纪50年代末期到20世纪90年代初期，是根据政府统一的预算定额与单价下，结合设计图计算出的工程量来确定工程造价，基本属于政府决定造价，这一阶段延续的时间最长，并且影响最为深远；第三阶段，从20世纪90年代至2003年，这段时间造价管理沿袭了以前的造价管理方法，同时随着我国社会主义市场经济的发展，建设部对传统的预算定额计价模式提出了"控制量，放开价，引入竞争"的基本改革思路；第四阶段，从2003年起至今，按《建设工程工程量清单计价规范》（GB 50500）计算工程造价。计价规范的实施有利于发挥企业自主报价的能力，实现了由政府定价到市场定价的转变，也有利于我国工程造价管理政府职能的改变[41]。

工程量清单计价，是指在当前工程招投标过程中，为了规范招标人和投标人的行为，由国家制定的一种与市场经济发展相适应，同时与国际惯例接轨的统一的计价模式。它主张在由招标人提供统一的工程量之后，投标企业在认真研究招标文件及其要求后根据企业自身优势与劣势以及实际经营状况自主报价，给出一个具有竞争力的报价，提倡"确定量、市场价、竞争费"的九字原则。工程量清单计价模式的出现引起了我国工程造价管理体制的重大变革，它的出现促进了我国建筑市场向更加健康的方向发展[42]。

工程量清单是工程量清单计价的基础，是编制招标控制价、投标报价、计算或调整工程量、索赔等的重要依据。工程量清单是建设工程的分部分项工程项目、措施项目、其他项目、规费和税金的名称和相应数量等的明细清单，由分部分项工程量清单、措施项目清单、其他项目清单、规费清单和税金清单五部分组成，如图2-1所示。工程量清单应由具有编制能力的招标人或受其委托、具有相应资质的工程造价咨询人依据国家计量规范、建设工程设计文件，与建设工程有关的标准、规范、技术资料、施工现场情况、施工方案等内容编制。实行工程量清单计价应采用综合单价法，其综合单价的组成内容应符合《建设工程工程量清单计价规范》（GB 50500—2013）（以下简称《计价规范》）中的相关规定。

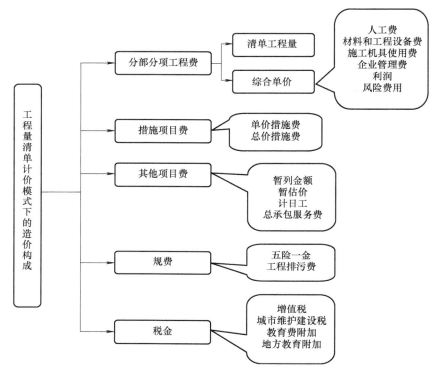

图 2-1　工程量清单计价模式下的造价构成

1. 分部分项工程费

分部分项工程费是构成工程实体的主要费用，其算法是各分部分项工程的工程量乘以其综合单价。

分部分项工程的工程量是由招标人提供的工程量清单确定的。《计价规范》规定："招标工程量清单必须作为招标文件的组成部分，其准确性和完整性应由招标人负责。"理论上讲，投标人并不需要关心工程量数据是否准确。然而，投标人在编制投标报价时，对工程量清单的数据准确性进行复核是有意义的。一是因为：工程价款是依据实际完成的工程量进行支付的，投标人在不影响总报价的前提下，对于工程量预计将减小的清单项目报价低一些，对于工程量预计将增加的清单项目报价高一些，是获取更多收入的报价技巧（不平衡报价应控制在合理范围内）；二是因为：某些分部分项工程量的增减会对措施项目费用产生影响，例如混凝土工程量的增减将影响模板的费用；三是因为：某些分部分项工程量的增减会对相应的施工方案的选取产生影响，尤其是施工机械种类、型号的选择，进而影响工程费用。基于上述原因，若投标人能很好地把握工程量清单提供的数据是否准确及其准确程度，对于合理地选择投标策略和报价是大有裨益的。

单价可采用不完全综合单价法、完全综合单价法和工料单价法。目前我国工业与民用建筑领域在全费用综合单价计价方面发展相对滞后，多数采用的是不完全综合单价法，在《计价规范》中综合单价是指人工费、机械费、材料费、管理费、利润，并考虑风险费用的总和。所以，分部分项工程费用应包含人工费、材料和工程设备费、施工机具使用费、管理费、利润和一定范围内的风险费用。

2. 措施项目费

措施项目费是指为保证工程顺利进行，发生于该工程施工准备和施工过程中的技术、生活、安全、环境保护等方面的项目费用。

措施项目费包括单价措施费和总价措施费。例如，安全文明施工费、夜间施工费、二次搬运费、冬雨季施工增加费、已完工程及设备保护费属于总价措施费；大型机械设备进出场及安拆费、混凝土模板及支架费、脚手架费属于单价措施费。其中，安全文明施工费必须按国家或省级、行业建设主管部门的规定计算，不得作为竞争性费用。其他措施费可根据建筑企业拟定的施工组织设计和现场实际情况确定，并且可以对清单中所列的措施项目进行增补。

3. 其他项目费

其他项目费主要包括暂列金额、暂估价（材料暂估价、工程设备暂估价、专业工程暂估价）、计日工、总承包服务费。

暂列金额是招标人暂定的并包含在合同中的一笔款项，用于工程合同签订时尚未确定或者不可预见的所需材料、工程设备、服务的采购，施工中可能发生的工程变更、合同约定调整因素出现时的合同价款调整以及发生的索赔、现场签证确认等的费用。投标人只能依据招标人在其他项目清单中给定的金额填写投标报价清单，不能改变其金额数目。

暂估价（材料暂估价、工程设备暂估价、专业工程暂估价）是招标人在招标文件中提供的用于支付必然发生但暂时不能确定价格的材料、工程设备的单价以及专业工程的金额。投标人只能依据招标人在其他项目清单中给定的金额填写投标报价清单，不能改变其金额数目。

计日工是指施工过程中，承包人完成发包人提出的工程合同范围以外的零星项目或工作，按合同中约定的单价计价的一种方式。

总承包服务费是指总承包人为配合协调发包人进行专业工程发包,对发包人自行采购的材料、工程设备等进行保管以及施工现场管理、竣工资料汇总整理等服务所需的费用。投标人编制投标报价时,总承包服务费应依据招标人在招标文件中列出的分包专业工程内容和供应材料、工程设备的情况,按照招标人提出的协调配合与服务要求以及施工现场的管理需要由投标人自主确定。

由此可见,其他项目费用中,只有计日工和总承包服务费需要投标人自行确定,计日工需确定单价,总承包服务费需确定费率。

4. 规费

规费主要包括工程排污费、五险一金(养老保险费、失业保险费、医疗保险费、工伤保险费、生育保险费、住房公积金)。投标人必须按国家或省级、行业建设主管部门的规定、取费标准进行计算填报,不得作为竞争性费用。

5. 税金

税金主要包括增值税、城市维护建设税、教育费附加及地方教育附加。投标人必须按国家或省级、行业建设主管部门的规定、取费标准进行计算填报,不得作为竞争性费用。

2.1.2 工程量清单计价的特点和优势

1. 工程量清单计价的特点

(1)统一计价规则的强制性 作为在全国范围内强制推行的工程量清单计价编制标准,《计价规范》通过制定统一计价方法、统一的工程量计量规则、统一的工程量清单项目设置规则,达到规范招投标人的计价行为的目的。

(2)计价定额控制的有效性 计价定额是反映社会平均消耗的标准。目前,工程量清单计价模式下,招标人通过套用计价定额编制招标控制价,以此为有效参考标准,避免投标人围标、串标、抬高报价,从而达到保证工程质量的目的。

(3)市场价格的竞争性 工程量清单计价模式下的价格是在特定规则的指导下,在市场竞争机制的约束下形成的由市场公认的社会市场价格,从本质而言,它就是根据市场经济调整的价格[43]。

通过在招投标过程中引入竞争机制,投标人可以发挥自身优势,通过套用企业内部定额和市场价格信息自主报价,制定更加合理的施工方案和施工组织设计、良好的管理策略来降低报价,从而体现自己在价格上的竞争力,提高中标概率。按照《计价规范》的规定,在保证工期、质量的前提下,投标人可以选择"不低于工程成本"的合理价格作为自己的投标价格。

(4)投标报价的自主性 在工程量清单计价模式下,投标报价是一种自主性行为,投标人需根据招标人提供的施工图、施工现场情况、招标文件的有关规定要求,结合企业定额、自身的技术水平、管理水平、自身的经营状况、获得的市场价格信息，采取具体的报价策略和技巧给出自己的投标报价。

2. 工程量清单计价的优势

（1）有利于引入市场竞争机制，反映市场经济规律，规范招标行为　传统的定额计价模式难以反映建筑企业的个体实际消耗量，投标人的技术、管理水平等企业整体实力也无法体现出来，缺乏合理完善的招投标机制。工程量清单计价模式很好地发挥了市场规律中竞争和价格的作用，实现企业自主报价，促进企业提高技术能力和管理能力，从而提升企业绝对竞争力。同时，也有效纠正了招标人在招标过程中盲目压价的行为，有利于规范建筑市场参与主体的行为，做到真正反映市场经济规律，促进招投标机制的完善。

（2）有利于量价的分离以及风险的合理分担　工程量清单计价模式下，工程量由招标人确定，综合单价由投标人确定。这种量价分离的方式，能够有效分担工程建设中的风险。招标人只需要对工程量的变化负责，即承担工程量的计算错误和工程变更的风险；而投标人只需要对单价的变化负责，即承担工程材料价格波动的风险（风险范围外调差除外）。所以，工程量清单计价模式更加符合风险共担的理念，招标人与投标人之间的责权关系也会更加明确，实现责权关系的对等。

（3）有利于工程款的拨付和工程造价的最终结算　工程量清单报价法的单价采取的是综合单价，业主拨付工程款以投标报价清单上的综合单价和实际完成工作量为依据，这样就使进度款的结算显得准确和便捷。一般情况下，综合单价是不允许调整的，除非超过合同中规定的变化幅度范围，从而使工程价款的争议基本上脱离了综合单价，也可以使建设项目在结算阶段的工作简单明确，减少了业主和建筑企业的纠纷。

（4）有利于业主对投资的控制　定额计价模式下，招标人对设计变更工程量的增减引起的工程造价变化不敏感，工程量的变更和设计变更对工程造价的影响要等到竣工结算时业主才知道，项目投资难以控制。但采用工程量清单计价模式，一旦出现工程变更，依据清单中的项目单价，就能计算出变更对工程造价的影响，这样业主可以决定是否变更或进行方案对比，以决定最合适的方法。相比较而言，工程量清单计价模式更有利于业主对投资的控制。

（5）有利于提高造价人员的专业素质　工程量清单计价有极强的系统性、经济性、技术性和政策性[44]。在项目的建设过程中，对于业主来讲，项目建设投资只有经专业造价技术人员才能得到更好的控制，如进度款的支付；而对施工单位来说，也只有通过经验丰富的造价从业者才能做好施工成本的管理工作，获取最大利益，如材料采购时价格的把控。因此，对造价人员来说，不仅要会计量计价，还要能从宏观的角度对项目建设期间的成本进行全过程管理[45]。

2.1.3　工程量清单计价的实施程序

工程量清单计价可以描述为：在了解工程内容的基础上，通过与工程相关的信息，如工程量清单、工程建设图、市场原材料报价以及对劳动力进行预估等，结合以往的实际经验得出工程的造价。工程量清单计价包含两方面：编制工程的工程量清单；在工程量清单的基础上计算工程造价。这一过程与实际生活中的种种信息联系紧密，企业根据积累的经验和对市场发展动态的了解，再根据工程量清单给出的相关信息得到可以进行投标的报价，流程如图2-2所示。

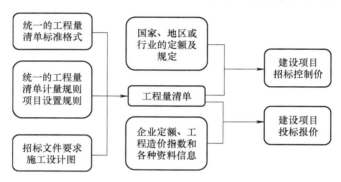

图2-2　工程量清单计价的实施程序示意图

从图2-2中可以清楚地看出，工程量清单计价的两个计价过程：一是招标工程量清单的编制过程；二是工程量清单计价文件（招标控制价或投标报价）的编制过程。

第一个计价过程是招标人根据计量规范、施工图、施工组织和施工方案编制工程量清单的工作过程，具体如图2-3所示。其中计量规范是指与《计价规

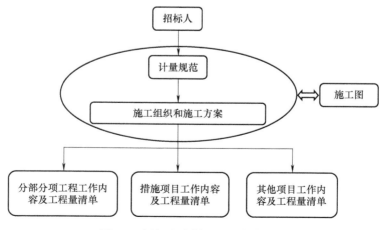

图2-3　招标人编制工程量清单流程

范》配套使用的工程量计算规范。现行的工程量计算规范有九本，分别是《房屋建筑与装饰工程工程量计算规范》（GB 50854—2013）、《仿古建筑工程工程量计算规范》（GB 50855—2013）、《通用安装工程工程量计算规范》（GB 50856—2013）、《市政工程工程量计算规范》（GB 50857—2013）、《园林绿化工程工程量计算规范》（GB 50858—2013）、《矿山工程工程量计算规范》（GB 50859—2013）、《构筑物工程工程量计算规范》（GB 50860—2013）、《城市轨道交通工程工程量计算规范》（GB 50861—2013）、《爆破工程工程量计算规范》（GB 50862—2013），以下均简称为《计量规范》。

第二个计价过程，就是投标人依据招标人的工程量清单和自身企业定额编制投标报价，包括为完成招标人提出的工程量清单内容所需要的所有费用。投标人根据工程量清单和企业定额进行投标报价的具体工作过程如图 2-4 所示。

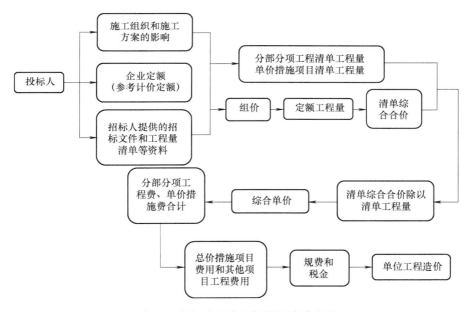

图 2-4　投标人制定投标报价清单流程

2.1.4　工程量清单计价的现状分析

进入 21 世纪以来，世界经济全球化程度日益加深，随着我国 2001 年 11 月加入世界贸易组织（WTO），中国的经济日益融入国际市场，我国的建设市场必然要与竞争激烈的国际市场接轨，工程项目管理体制经受着重大的考验，工程量清单计价规范也经历了三次修改，以适应市场的变化。其演变过程如图 2-5 所示。

1）由于工程量清单计价的市场竞争性，已被世界各国普遍采用。为此，我

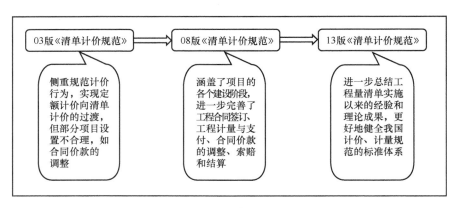

图 2-5   工程量清单计价演变过程

国进行工程造价计价改革，推行工程量清单招标计价方式，进而全面推行工程量清单计价[46]。在这样的背景下，2003 年，建设部颁布了国家标准《建设工程工程量清单计价规范》（GB 50500—2003）（以下简称 03 版《清单计价规范》）。它能够更好适应我国建设工程管理体制改革以及建设市场发展的需要，更好地规范建设工程各方的计价行为。03 版《清单计价规范》的实施，开创了工程造价机制的先河[47]。

2）2008 年住房和城乡建设部颁布了《建设工程工程量清单计价规范》（GB 50500—2008）（以下简称 08 版《清单计价规范》），扩大了清单计价的适用范围，对规范建设工程项目全过程的计价行为起到了良好的作用。相比 03 版《清单计价规范》，修订后的 08 版《清单计价规范》做出了以下深化和改进：

① 强调全过程管理：03 版《清单计价规范》侧重于规范工程招投标中的计价行为。08 版《清单计价规范》的内容涵盖了工程项目的实施全过程，包括从招投标开始、施工合同订立、计量与支付管理、工程竣工结算办理的各个阶段，并增加了条文说明。

② 强调合同的重要性和计量与支付操作：08 版《清单计价规范》在修订过程中，特别针对工程实施阶段中有关工程价款调整、支付、结算等方面缺乏依据的问题，增加了采用工程量清单计价如何编制工程量清单和招标控制价、投标报价、合同价款约定以及工程计量与价款支付、工程价款调整、索赔、竣工结算、工程计价争议处理等各阶段计价的具体做法。

③ 强调项目特征描述：03 版《清单计价规范》对项目特征描述的要求不明，08 版《清单计价规范》首次把"分部分项工程量清单的项目特征描述"作为强制性条款，必须"结合拟建工程项目的实际予以描述"。编制工程量清单时要准确详细和全面地说明其特征，项目特征是区分清单项目的依据，是确定综合单价的前提，是履行合同义务的基础。

④ 扩大了清单计价的使用范围：规定全部使用国有资金投资或国有资金投资为主的工程建设项目，必须采用工程量清单计价。

⑤ 强调专业性：规定工程造价文件的编制与核对应由具有资格的工程造价专业人员（造价工程师和造价员）承担。

3）08 版《清单计价规范》实施后，取得了许多有效的经验及理论成果，为了进一步总结实施成果，并基于市场要求、建筑业的特点，使我国的建设工程计价、计量规范的标准体系得到完善，2012 年住房和城乡建设部标准定额司组织有关单位全面开展 08 版《清单计价规范》的修订工作。修订后的《建设工程工程量清单计价规范》（GB 50500—2013）（以下简称 13 版《清单计价规范》）于 2013 年 7 月 1 日开始实施，给造价管理工作带来了更多的机遇和挑战，促其走向更良性的轨道。

相比 08 版《清单计价规范》，修订后的 13 版《清单计价规范》有五大改变，分别是：增强了与合同的契合度、明确了术语的概念、增强了对风险分担的规范、细化了措施项目费计算的规定、改善了计量计价的可操作性有利于结算纠纷的处理。

① 专业划分更加精细。对 08 版《清单计价规范》中的六个专业（建筑、装饰、安装、市政、园林、矿山），重新进行了精细化调整，调整后分为九个专业（建筑与装饰、仿古建筑、安装、市政、园林绿化、矿山、构筑物、城市轨道交通、爆破）。

② 责任划分更加明确。对 08 版《清单计价规范》里诸多责任不够明确的地方做了明确的责任划分和补充，诸多由适用性改为强制性的条文和新增的责任划分说明，都透露出随着计价的改革，清单规范进一步明确了责任划分的原则，发承包双方应承担的责任更加明晰，可减少后期出现的争议。这就要求发承包双方必须在各自的责任范围内认真仔细地做好工作，尤其是可能引起争议的地方，避免错误的发生。

③ 可执行性更强。08 版《清单计价规范》对工程变更引起的综合单价的调整，只是给出了条文性说明。13 版《清单计价规范》明确给出了调整综合单价的计算方式。总的来说，13 版《清单计价规范》对工程造价管理的专业性要求越来越高，同时对争议的处理也越来越明确，可执行性更强。清单规范在工程造价领域的应用迈上了一个新的台阶。

综上所述，13 版《清单计价规范》开始重视过程管理，不再是投标阶段的"一次性"行为，为实现与国际接轨，更好地参与国际市场竞争奠定了基础。

此处，为了梳理工程量清单计价规范的三次修改演变，进行了版本的区分。此后本书所述《计价规范》均特指现行的《建设工程工程量清单计价规范》（GB 50500—2013）。

2.2 风险管理基本理论

2.2.1 风险的概念及投标报价风险的定义

1. 风险的概念

"风险"源于法文的 rispué，在 17 世纪中叶被引入到英文，拼写成 risk。到 18 世纪前半期，"risk"一词开始出现在保险交易中。

风险虽然是现实生活中运用极其广泛的概念，但究竟什么是风险，国内外学术界和实务界尚无一致意见。

Albert H. Mowbary，Ralph H. Blanchard & C. Arthur Williams Jr. 认为风险是一种不确定性（Risk is uncertainty）[48]。

Jerry S. Rosenbloom 认为风险被定义为损失的不确定性（risk is defined as the uncertainty of loss）[49]。

Frederick G. Crane 认为风险是未来损失的不确定（Risk means uncertainty about future loss）[50]。

C. Arthur Williams Jr. & Richard M. Heins 认为风险是在特定情况下，特定时期内，结果的差异性（This text defines risk as the variation in the outcomes that could occur over a specified period in a given situation）[51]。

卢有杰、卢家仪认为风险就是活动或事件消极的、人们不希望的后果发生的潜在可能性[52]。

邱菀华、阎植林等定义风险为：人们因对未来行为的决策及客观条件不确定性而可能引起的后果与预定目标发生多种负偏离的综合[53]。

上述各种对风险的不同描述，概括起来有以下三点：

1）风险同人们有目的的行为、活动有关，不与行为联系的风险只是一种危险。人们从事各种活动，总是期望一定的结果，如果对于预期结果没有十足的把握，人们就会认为该项活动有风险。

2）客观条件的变化，即不确定性，是风险的重要成因。这种不确定性既包括主观对客观事物运行规律认识的不完全确定性，这是人类认知客观事物能力的局限性所致；也包括事物本身存在的客观不确定性，万事万物均处于不断的运动变化中。

1921 年，美国经济学家芝加哥学派创始人奈特（F. H. Knight）教授在其名著《风险、不确定性和利润》中区分了风险和不确定性。奈特认为，风险是"可测定的不确定性"，而"不可测定的不确定性"才是真正意义上的不确定性。即，风险是指事前可以知道所有可能的后果，以及每种后果的概率；而不确定性是指事前不知道所有可能的后果，或者虽然知道可能的后果但不知道出现的概率。但是，在面对实际问题时，两者很难区分。风险问题的概率往往不能准确知道，不确定性问题也可以通过主观概率的估计转化为风险问题，因此在实务领域对风险和不确定性不做严格区分，都视为风险。

3）风险一旦发生，实际结果与预期结果就会产生差异。差异越大，则风险越大；反之，则越小。

差异具有两面性。风险可能给投资人带来超出预期的损失，也可能带来超出预期的收益，也就是说风险既可能是威胁又可能是机会。正是风险蕴含的机会诱使人们从事各项活动，而风险蕴含的威胁则唤起人们的警觉。人们对风险的二重性的态度因人、因时、因地和因环境而异。一般说来，人们对意外损失的关切，比对意外收益的关切强烈得多，因此人们研究风险时侧重负偏离，主要从不利的方面来考察风险，把风险看成是不利事件发生的可能性。实际上，正偏离也是人们的渴求，属于风险收益的范畴，在风险管理中也应予以重视，以它激励人们勇于承担风险，获得风险收益。

只会造成损失的风险称为纯粹风险；既可能造成损失又可能带来收益的风险称为投机风险。本书以探讨纯粹风险的管理为主。

2. 风险的本质

风险的本质可以通过风险因素、风险事件和风险损失三者的关系得以揭示，如图 2-6 所示。

1）风险因素：指引起风险事件的发生、增加风险事件发生的概率或影响损失严重程度的因素。它是风险发生的潜在条件。风险因素可分为两类：实质类风险因素，如施工现场意外的地质情况、建材涨价等；人为类风险因素，如承包商违约、投保后疏于对损失的防范等。

2）风险事件：活动或事件的主体未曾预料到或虽然预料到其发生，但未预料到其后果的事件称为风险事件。其中，只能造成不利影响的风险事件称为风险事故。通常情况下，风险事件和风险事故不做严格区分，风险事件泛指风险事故和能够产生有利影响的风险事件。风险透过风险事件的发生才能产生影响，因此风险事件是损失的媒介物，是损失的直接或外在的原因，而上述的风险因素是损失的间接或内在原因。例如，汽车的制动系统失灵以致酿成车祸。制动系统失灵是风险因素，而车祸为风险事件。但有时风险因素与风险事件很难严格划分。

3）风险的转化条件和触发条件：风险是潜在的。只有具备了一定的条件，才有可能发生风险事件，这一定的条件称为转化条件。即使具备了转化条件，风险因素也不一定演变成风险事件。只有具备了另外一些条件时，风险事件才会发生，这后面的条件称为触发条件。

4）风险损失：指非故意的、非计划性的和非预期的经济价值的减少。损失可分为直接损失和间接损失。前者是指实质的、直接的损失，包括风险事件直接导致的财产损毁和人员伤亡。后者则包括额外费用损失、收入损失和责任损失三者。不同风险所导致的损失形态均在上述范畴内。其中，额外费用损失是指必须修理或重置而支出的费用；收入损失是指由于直接损失以致无法正常生产、经营而减少的利润；责任损失是指由于过失或故意以致他人遭受伤害或损失的侵权行为，依法应当负担的损害赔偿责任或无法履行契约责任的损失。例如，某化学工厂因遭受火灾损毁一半（直接损失）；由于该厂的损毁以致无法生产产品赚取利润（收入损失）；产品无法制造导致因客户无法如期取货所产生的契约责任损失（责任损失）；因厂房损毁需重置或修理而支出的费用（额外费用损失）。上述就是单一风险通过风险事件的发生所导致的一连串损失形态的简单示例。

解释风险因素、风险事件和风险损失三者关系有两种理论：一种是亨利屈（H. W. Heinrich）的骨牌理论；另一种是哈顿（William Haddon Jr.）的能量释放论。两种理论均认为风险因素引发风险事件，而风险事件则导致损失，但侧重点却不同。骨牌理论强调风险因素、风险事件和风险损失三张骨牌之所以相继倾倒，主要是由于人的错误行为所致，强调人为因素；能量释放论则强调，之所以造成损失，是因为事物所承受的能量超过所能容纳的能量所致，强调物理因素。两者观点的不同，会导致对相同损失采取不同的具体对策。在实际应用中，不妨兼顾两者观点。风险的作用链如图 2-6 所示。

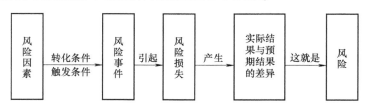

图 2-6　风险的作用链

了解风险由潜在转变为现实的转化条件、触发条件及其过程，对于控制风险非常重要。控制风险实际上就是控制风险事件的转化条件和触发条件。当风险事件只能造成损失时，应设法消除转化条件和触发条件；当风险事件可能带来机会时，则应努力创造转化条件和触发条件，促使其实现[29]。

3. 风险的一般特征

1）风险的客观存在性。无论是自然界中的风险，如地震、滑坡、特大暴风雨等，还是社会领域中的风险，如政变、经济政策出台或变更、通货膨胀等，都不以个人的意志为转移，它们是独立于人的意识之外的客观存在。这是因为无论是自然界的物质运动，还是社会发展的规律，都是由事物的内部因素所决定的，由超越于人们主观意识所存在的客观规律所决定的。尽管人们无力控制客观状态，却可以认识并掌握客观状态变化的规律性，对相关的客观状态做出科学的预测，这是风险管理的重要前提。

2）风险存在的普遍性。在当今社会，无论是企业还是个人都面临着各种各样的风险。如企业面临自然风险、市场风险、技术风险、破产风险；个人则面临疾病、失业、意外事故等风险。风险渗入到社会、个人生活的方方面面。可以说人类的发展史是一部与风险斗争的历史；人类文明是在与风险斗争中得以发展的；人类社会在与风险的斗争中得以前进。

3）某一具体风险事件发生的偶然性。就某一具体风险事件而言，它的发生是偶然的，是一种随机现象。在发生之前，人们无法准确预测风险何时会发生，以及其发生的后果。这是因为任一具体风险事件的发生，必是诸多风险因素和其他因素共同作用的结果，而且每一个因素的作用时间、作用点、作用方向、作用顺序和程度都必须满足一定的条件，才能导致事件的发生。而每一个因素的出现，其本身是偶然的[55]。

4）大量风险发生的必然性。个别风险事件的发生是偶然的、无序的、杂乱无章的，然而通过对大量风险事故的观察和统计，却可发现明显的规律。必然性和偶然性是对立统一的一对矛盾，用统计方法去处理大量相互独立的偶发风险事件资料，就可以抵消那些由偶然因素作用引起的数量差异，发现其固有的运动规律。大量风险发生的必然性和规律性，使人们利用概率论和数理统计方法计算风险发生概率和损失幅度成为可能。人类对风险的有意识控制，只是试图改变风险的产生条件，并不是改变风险事件的随机性。

5）风险的可变性。这是指在一定条件下风险可转化的特性。风险的可变性包括：风险性质的变化；风险后果的变化；随着时间的推移，某些风险在一定的空间范围内被消除，但同时又可能产生新的风险。

就整体而言，随着科学技术的进步和社会的发展，人类面临的风险越来越多。无论是自然风险，还是人为风险，发生的频率都越来越高，风险事件所造成的损失也越来越大。

4. 投标报价风险的定义

报价是投标的核心，它不仅是能否中标的关键，而且对中标后能否盈利，盈利多少的主要决定因素之一[56]。投标报价风险是指相对投标报价企业而言，在投标报价过程中存在的各类不确定风险因素对投标人产生的影响，有可能导致投标不成功，或中标后存在利润缩水的可能性。尽管投标报价阶段识别的风险在实施阶段才会显现，但通常建设项目的风险产生于投标报价阶段，如风险评价不到位，会对项目质量、企业利润造成严重影响，为此必须重视企业投标报价，做好投标阶段的风险管理工作。

5. 投标报价风险管理范围的界定

投标报价风险管理是指识别影响投标报价的风险因素，合理估算风险重要性影响程度，选用切实可行的措施降低风险或防止风险产生。

投标报价的最终目的是中标后签订合同。合同文件的构成包括协议书、中标通知书（如果有）、投标函及其附录（如果有）、通用合同条款、专用合同条款及其附件、技术标准和要求、图纸、已标价工程量清单或预算书、其他合同文件。

投标报价风险应根据投标报价的编制过程，基于中标合同文件组成，并注意工程量清单计价模式的特性进行风险识别。其中，拟签订合同条款（通用合同条款和专用合同条款）、工程量清单和图纸也是招标文件的组成部分；协议书、中标通知书、投标函及其附录的内容可在通用合同条款、专用合同条款中得到对应；技术标准和要求也可通过通用合同条款或专用合同条款中的质量约定条款进行风险分析。

因此，本书将以投标人的视角，基于招标文件（中标后为合同文件）的理性客观分析，排除人为主观风险因素（造价人员专业能力、围标、串标、企业资质等）对投标报价的非常规影响，依据通用合同条款、专用合同条款、工程量清单和图纸进行风险识别分析，并据此设计工程量清单计价模式下的投标报价风险因素清单，以进行投标报价风险评价。

2.2.2 风险管理过程

1. 风险管理的环节

风险管理过程包括以下五个环节。

（1）风险识别　风险识别是风险管理的第一步，是在风险发生之前，通过分析、归纳和整理各种统计资料，对风险的类型及风险的生成原因、可能的影响后果做定性估计、感性认识和经验判断。

风险识别是风险管理的基础性工作，它通过提供必要的信息使风险估计和评价更具效果及效率。风险识别做得不好，通常意味着风险评价也会做得不好。可以说一个已识别的风险已不再是风险，而只是一个管理问题。毫无疑问，对风险的错误定义将导致进一步的风险[57]。

风险识别的具体工作包括确定风险因素、风险产生条件；描述其风险特征和可能的后果；并对识别出的风险进行分类。风险识别是工程项目风险管理中一项经常性的工作，不是一次就可以完成的，应当在项目的自始至终定期进行。

（2）风险估计　风险估计是在风险识别的基础上，通过对所收集的大量资料的分析，利用概率统计理论，估计和预测风险发生的可能性和相应损失的大小。风险估计是对风险的定量化分析，是风险管理中不可缺少的一环。它的重要性在于使风险分析定量化，将风险管理建立在科学的基础上。

风险估计的对象是项目的各单个风险，非项目整体风险。

风险估计应考虑两个方面：风险事件发生的概率和可能造成的损失。风险事件发生可能性的大小用概率来表示，可能的损失则用费用损失或建设工期拖延来表示。

工程项目风险估计过程如图 2-7 所示。

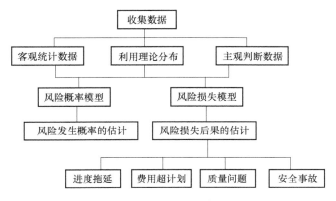

图 2-7　工程项目风险估计过程

1）风险发生概率的估计。一般而言，风险发生的概率或概率分布应由历史统计资料和数据来确定，即所谓客观概率，客观概率对风险概率估计和损失估计很具参考价值。不过，当风险管理人员没有足够的历史统计资料时，仍可利用理论概率分布或主观概率进行风险估计。

① 利用历史统计资料确定风险概率分布。当工程项目某些风险事件或其影响因素积累有较多的数据资料时，就可通过对这些数据资料的整理分析，从中找出某种规律性，进而大致确定风险因素或风险事件的概率分布类型。数据资料的整理和分析就是制作频率直方图或累积频率分布图。

频率直方图和累积频率分布图反映样本数据的分布规律性。在直角坐标系下以小矩形表示所获样本数据分组构成的区间及其对应的频率，每个小矩形上边的中点用光滑曲线相连，得到的曲线即为估计的风险密度函数曲线，根据该曲线，可找到与其形状接近的常用函数分布曲线，比如正态分布。当数据量较大时，估计的密度曲线能以很大的概率接近实际的密度曲线，即：用样本的分布代替总体的分布，根据估计的密度曲线形状确定实际的分布。必要时可利用已有的实际数据对假设的分布类型进行检验。

概率分布有连续型和离散型两大类。工程项目风险管理常用的连续型概率分布包括：均匀分布、正态分布、指数分布、三角分布、梯形分布、极值分布、β 分布等；离散型概率分布包括：伯努利二项分布、泊松分布等。可以根据实际情况进行概率分布类型的选择。

概率分布中可得到诸如期望值、标准差、差异系数等信息，对风险估计非常有用。

② 利用理论分布确定风险概率分布。在工程实践中，有些风险因素或风险事件的发生是一种较为普遍的现象，前人已做过许多的探索和研究，并得到了这些风险因素或风险事件的随机变化的规律，即分布的概率。对这种情况，就可利用已知的理论概率分布，根据工程的具体情况求风险因素或风险事件发生的概率[9]。比如，正态分布在工程项目风险管理的各种分布的应用中居于首位。在正常生产条件下，工程项目施工工序质量的计量值服从正态分布；土工试验得到的一些参数，如抗剪强度被认为近似服从正态分布；工程项目施工工期一般也认为是近似服从正态分布的。因此，在分析工程质量风险、地质地基风险、工期风险时，就可直接利用正态分布进行分析。

③ 利用主观概率确定风险概率。由于工程项目具有明显的一次性和单件性，工程项目的可比性较差，工程项目的风险特性和风险因素往往也相差很远，根本就没有或很少有可以利用的历史数据和资料。在这种情况下，风险管理人员就只能根据自己的经验猜测风险事件发生的概率分布或概率。利用主观概率分析工程项目风险时应注意，主观概率反映的是特定的个体对特定事件的判断。在某种程度上，主观概率反映了个体在一定情况下的自信程度。用主观概率估计风险因素或风险事件发生概率的常用方法有：等可能法、主观测验法、专家调查法等。

2）风险损失的估计。风险事故造成的损失要从两个方面来衡量：损失范围和损失的时间分布。

损失范围包括：严重程度、变化幅度和分布情况。严重程度和变化幅度可通过损失的概率分布来研究，分别用损失的数学期望和方差表示；而分布情况是指损失波及的项目参与者数量。

时间分布指风险事件是突发的还是随着时间的推移逐渐致损，该损失是马上就感受到了，还是随着时间的推移逐渐显露出来。损失的时间分布对于项目的成败关系极大。数额很大的损失如果一次就落到项目上，项目很有可能因为流动资金不足而破产，永远失去项目可能带来的机会；而同样数额的损失如果是在较长的时间内分几次发生，则项目班子会设法弥补，使项目能够坚持下去。

（3）风险评价　风险评价是在风险识别和风险估计的基础上，对风险发生的概率、损失程度进行综合考虑，得到描述风险的综合指标——风险度，以便对工程的单个风险因素进行重要性排序或评价工程项目的总体风险。

风险度是风险发生的概率和损失的函数：$R = f(P, C)$，R 代表风险度，是衡量工程项目风险性大小的一个参数；P 代表风险事件发生的概率；C 代表风险事件所造成的项目损失。

风险评价就是综合衡量风险对项目实现既定目标的影响程度。风险估计只对项目各阶段单个风险分别进行估计量化，而风险评价则考虑所有风险综合起来的整体风险以及项目对风险的承受能力。

1）风险评价的目的。

① 确定项目风险的先后顺序。对工程项目中各类风险进行评价，根据它们对项目目标的影响程度，包括风险出现的概率和后果，确定它们的排序，为考虑风险控制先后顺序和风险应对措施提供依据。

② 确定各风险事件的内在联系。表面上看起来不相干的多个风险事件常常是由一个共同的风险因素所造成的。例如，遇上未曾预料到的技术难题，则项目会造成费用超支、进度拖延、产品质量不合要求等多种后果。风险评价就是要从工程项目整体出发，弄清各风险事件之间确切的因果关系，这样才能准确估计风险损失，并且制定适应的风险应对计划，在以后的管理中只需消除一个风险因素就可避免多种风险。

③ 把握风险之间的相互关系。考虑不同风险之间相互转化的条件，研究如何才能化威胁为机会。还要注意，原以为是机会，在什么条件下会转化为威胁。

④ 进一步量化已识别风险的发生概率和后果。降低风险发生概率和后果估计中的不确定性。必要时根据项目形势的变化重新估计风险发生的概率和可能的后果。

2）工程项目风险评价的步骤。

① 确定项目风险评价基准。工程项目风险评价基准就是工程项目主体针对不同的项目风险后果，确定的可接受水平。单个风险和整体风险都要确定评价基准，分别称为单个评价基准和整体评价基准。项目的目标多种多样，如工期最短、利润最大、成本最小和风险损失最小等，这些目标多数可以量化，成为评价基准。

② 确定项目风险水平。包括单个风险水平和整体风险水平。工程项目整体风险水平是综合了所有风险事件之后确定的。要确定工程项目的整体风险水平，有必要弄清各单个风险之间的关系、相互作用以及转化因素对这些相互作用的影响。另外，风险水平的确定方法要和评价基准确定的原则和方法相适应，否则两者就缺乏可比性。

③ 比较。将工程项目单个风险水平与单个评价基准、整体风险水平与整体评价基准进行比较，进而确定它们是否在可接受的范围之内。进而确定该项目应该就此止步，还是继续进行。

（4）风险应对　风险评价之后，风险管理者对项目存在的种种风险和潜在损失有了一定的把握。在此基础上，在众多的风险应对策略中，选择行之有效的策略，并寻求与之对应的既符合实际，又会有明显效果的具体应对措施，力图使风险转化为机会或使风险所造成的负面效应降低到最低的程度。

经过风险评价，项目整体风险有如图 2-8 所示的两种情况。

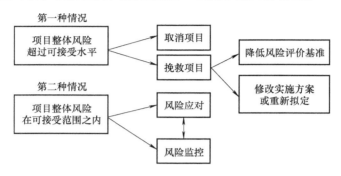

图 2-8　项目整体风险情况图

若是第一种情况，项目管理者有两种选择：一种是当整体风险超过评价基准很多时，立即停止，取消项目。另一种是当整体风险超过评价基准不多时，采取挽救措施。挽救措施有两种：第一，降低风险评价基准；第二，修改原有项目实施方案或重新拟定。无论采取哪一种措施，都要重做风险分析，并且风险评价基准降低后项目一般不能达到原定目标。

第二种情况，项目整体风险水平在可接受范围之内，则不必改变项目原定计划[57]，而应采取必要的措施控制已识别的风险，制定风险应对计划。在计划执行过程中，集中注意力监控应对措施的有效性，深入查找尚未显露的新风险，努力提高项目取得成功的可能性。这时如果有个别单个风险大于相应的评价基准，则可以进行成本效益分析，争取择优选择风险小的替代方案。

风险应对技术分为两大类：控制性技术和财务性技术。控制性技术的主要作用是避免、消除和减少风险事故发生的机会，限制已发生的损失继续扩大。具体策略包括风险规避、非保险转移、缓解和利用。财务性技术是在风险发生后通过财务安排来减轻风险对项目目标实现程度的影响，具体策略包括保险性风险转移和风险自留。风险应对计划实际是多种应对策略的优化组合。

风险应对的最后一步是把前期完成的工作归纳成一份风险管理规划文件。风险管理规划文件中应当包括项目风险形势估计、风险管理计划和风险应对计划。

（5）风险监控　即对工程项目风险的监视和控制。跟踪已识别的风险，监视残留风险和识别新的风险，严格执行风险应对措施并适时调整，密切注视这些措施对降低风险的有效性，将项目的进展控制在管理者手中。

2. 工程项目风险管理过程

风险管理使用系统的、动态的方法进行风险控制，以减少工程项目中的不确定性。传统观点认为风险管理是一个直线的过程，全面风险管理理论则强调，风险的识别、估计、评价、应对与监控发生于项目的全过程，整个风险管理过程是一个闭环系统，随着风险应对计划的实施，风险会出现许多变化，这些变化的信息应及时反馈，风险管理者才能及时对新情况进行风险估计和评价，从而调整风险应对计划并实施新的风险应对计划，这样循环往复，保持风险管理过程的动态性，才能达到风险管理的预期目的，如图 2-9 所示。

图 2-9　工程项目风险管理过程

3. 投标报价风险管理过程

投标报价风险是相对投标报价企业而言，在投标报价过程中存在的各类不确定风险因素对投标人产生的影响。由于投标报价阶段识别的风险在实施阶段才会显现，因此投标报价风险管理过程与工程项目风险管理过程稍有区别，包括四个环节：

（1）风险识别　识别拟投标项目的风险因素。

（2）风险估计　对拟投标项目的单个风险因素进行初步量化分析。

（3）风险评价　综合考虑，对拟投标项目的风险因素进行重要性排序。

（4）风险应对　根据风险评价的风险因素排序，从投标报价的角度进行应对。

2.2.3　风险识别方法

1. 风险识别的步骤

风险识别可分三步进行：收集信息、估计项目风险形势、确定风险事件并归类。

（1）收集信息　风险识别需要大量收集信息，了解情况，要对项目系统以及系统的环境有十分深入的了解，并要进行预测，不熟悉情况是不可能进行有效风险识别的。风险识别不仅需要收集足够的信息，还要判断信息的准确性和可信度，这就给收集信息的工作增加了一定的难度。

（2）估计项目风险形势　估计项目风险形势就是明确项目的目标、目标实现的战略、项目所处的内外环境、项目资源状况、项目的前提和假设，以确定项目及其环境的不确定性。估计项目风险形势，可以使项目管理换一个角度重新审查项目计划，认清项目形势，揭露原来隐藏的假设、前提和以前未曾发觉的风险，抛弃所有个人的良好愿望，只承认项目现有的能力。

（3）确定风险事件并归类　在估计项目风险形势的基础上，尽量客观地确定项目存在的风险因素，分析这些风险因素引发工程项目风险的大小，然后对这些风险进行归纳分类。

2. 风险识别的成果

风险识别的成果通过风险目录摘要表现出来。通过风险目录摘要，将项目可能面临的风险汇总，使人们对项目风险有一个总体的印象，并且能把项目团队人员统一起来，使每个人不再仅仅考虑自己所面临的风险，而能自觉地意识到项目的其他人员的风险，还能预感到项目中各种风险之间的联系和可能发生的连锁反应。风险目录摘要包含以下具体内容：

（1）风险事件表　风险事件表中应罗列所有的风险。罗列应尽可能全面，不管风险事件发生的可能性、收益或损失有多大，都要一一列出。对于引起风险的风险因素要有文字说明，说明中还应包括风险特征的描述、风险事件的可能后果、估计风险发生的时间、风险事件预期发生的次数以及不同风险事件之间的联系。

（2）风险的分类　风险识别之后，应该将风险进行分类，分类结果应便于进行风险管理的其他步骤。

3. 风险识别方法的确定

风险识别的基本方法有以下几种。

（1）文献分析法　文献分析法是指通过对收集到的某方面的文献资料进行研究，以探明研究对象的性质和状况，并从中引出自己观点的分析方法。它能帮助调查研究者形成关于研究对象的一般印象，有利于对研究对象做历史的动态把握，还可研究不可能接近的研究对象，如已经完成的建设项目。文献分析法的主要内容有：对查到的有关档案资料进行分析研究，对收集到的公开出版的书籍刊物等资料进行分析研究。

（2）德尔菲法　德尔菲法又称为专家调查法，专家调查法采用匿名反馈的方式进行，专家之间没有交流，专家对调查问卷做出自己的判断，在收到专家反馈的问题后，发放者通过数据处理方法来处理反馈，如排序、汇总和统计，并匿名发送。对于每一位专家，通过比较自己的观点和其他专家的观点来修改自己的判断，经过多次反馈，可以进行调查，从而确定项目风险。

（3）头脑风暴法　头脑风暴法的基本思路是组织一些具有科研能力和专业知识丰富的专家组成一个小组进行讨论，相互启发，相互激励，诱发思维共振，引起思维创造性的连锁反应，提出切实可行的解决方案。

（4）故障树分析法　故障树是由结点和连接结点的线组成的，其中，结点表示事件，连接结点的线表示事件间的关系。故障树分析法是一种通过演绎推理查找原因的方法。在查找风险情景的过程中，通过故障树脉络分析，不仅能找到项目的风险因素，求出各风险事件发生的概率，还能针对找到的风险提出各种控制风险的方案措施。因此，对于定性或者定量分析都有很好的适用性。

（5）WBS-RBS 法　WBS（Work Breakdown Structure）即分解工作结构，RBS（Risk Breakdown Structure）即风险分解结构，通过由高层次向低层次逐级分解，将其结果放入矩阵行列，通过矩阵交叉节点识别危险情景。

（6）风险列表清单法　通过适当的风险分解方式来识别风险是建立建设工程风险列表清单的有效途径。对于风险清单，可以按照清单的划分，分别从时间维、目标维和因素维进行分解，这样可以不遗漏地识别出建设工程主要的、常见的风险。

以上的风险识别基本方法在实践中都有广泛的应用，识别方法各有其优缺点和适用条件。在投标报价阶段，由于所获得的信息有限，同时在投标报价过程中存在着众多风险因素，风险识别边界条件模糊等特点。本书将根据投标报价的费用构成，基于招标文件，依据通用合同条款、专用合同条款、工程量清单和图纸进行风险识别。因此，本书所选取的风险识别方法为文献分析法和风险列表清单法。

2.2.4　风险评价方法

1. 风险评价方法的选取原则

从目前学者的研究情况来看，风险评价方法与数学模型的构建多种多样，每一种研究方法都有一定的参考价值。不管选择什么样的评价方法，都需要考虑投标报价阶段的各类风险。在选择风险评价方法时，应该遵循以下几个原则：

（1）可操作性原则　风险评价不仅仅是评价模型的构建，还要通过对所构建的评价模型进行分析，给出投标人具体的投标报价建议指导，所以必须考虑所构建模型的可操作性。在选择评价方法时，要在不影响评价结果准确性的情况下，尽可能选择简单、适用范围较广的评价方法。

（2）简化性原则　投标报价的风险具有复杂性、多样性、模糊性等特点。所以，在选择评价方法时，要能够分析出各个风险因素之间的层次关系，把复杂的问题简单化处理。

（3）定性分析与定量分析相结合原则　在初步识别的投标报价风险因素中，会涉及很多不同种类的风险，有些风险原本就可量化分析，有些风险则适合定性描述。定性分析和定量分析相结合有助于全面评价风险。

2. 评价方法的优缺点比较

风险评价的研究在国内外已有很长的历史，用于风险评价的方法很多，这是因为现代数学和计算机的高速发展为风险评价提供了大量的数学参考模型。主要的评价方法有专家打分法、敏感性分析法、蒙特卡罗模拟法、层次分析法、模糊综合评价法、决策树分析法等。下面将各种评价方法进行优缺点对比分析，见表 2-1。

表 2-1　风险评价方法比较

风险评价方法	优　点	缺　点
专家打分法	使用操作简便，适用于快速决策时的简易评价	受专家背景及专家主观因素影响
敏感性分析法	较为普及，能对项目的风险敏感性进行排序，有助于发现影响项目风险的重要风险	仅能体现风险的强度而不能体现具体发生概率，也无法体现众多风险因素对项目的整体影响
蒙特卡罗模拟法	采用计算机模拟项目自然过程，成本低、效率高，可以处理多因素、大波动的不确定性	结果依赖于特定的随机过程以及对历史数据的选择，不能体现因素之间的相互关系
层次分析法	定性分析与定量分析相结合，可以对所识别的风险因素指标进行分层赋权，降低主观因素影响	各指标之间通过两两比较容易混乱，依然存在主观因素的影响
模糊综合评价法	可以将主观判断的模糊性尽可能定量化分析，结果具有系统性、清晰性	评价指标比较多的情况下，适用性将会受到影响；容易忽视次要因素对评价目标的影响
决策树分析法	分阶段、分层次，决策方案的路径及概率计算清晰	无法适用于一些不能用数量表示的决策；在确定各种方案的概率时，存在一定主观性

　　由于投标人在投标报价过程中遇到的风险影响因素各不相同，只有少数可以通过统计方法量化评价，大量的影响因素带有主观定性判断的特性。层次分析法属于定性分析与定量分析相结合的方法，可以对所识别的风险因素指标进行分层赋权，降低主观因素影响；指标之间两两比较构建的判断矩阵，可以借助一致性检验消除主观打分的人为错判。因此，本书选择层次分析法作为投标报价风险评价的方法。

2.3　本章小结

　　本章主要梳理了工程量清单计价模式下投标报价风险研究的理论基础。首先，阐述了工程量清单计价的概念、特点、实施程序，对工程量清单计价规范的发展历程进行了梳理分析。然后，分别阐述了投标报价风险、风险识别、风险评价的概念，确定了风险识别及风险评价方法，为第 3 章和第 4 章的投标报价风险研究做好了理论基础准备。

第3章 工程量清单计价模式下投标报价风险识别

实行工程量清单计价的工程，应采用单价合同[46]。尽管单价合同是一种风险分担比较公平（量的风险由招标人承担，价的风险由投标人承担）的合同形式，但研究投标报价中存在的不确定因素，研究投标报价的风险仍然非常必要。而投标报价风险的研究首先就是投标报价的风险识别。

投标报价的最终目的是中标后签订合同。目前，施工阶段的合同签订大多是在《示范文本》的基础上，依据项目自身的特点，在《示范文本》的专用条款中具体约定。

《示范文本》中约定了合同文件的构成：①协议书；②中标通知书（如果有）；③投标函及其附录（如果有）；④专用合同条款及其附件；⑤通用合同条款；⑥技术标准和要求；⑦图纸；⑧已标价工程量清单或预算书；⑨其他合同文件。在合同订立及履行过程中形成的与合同有关的文件均构成合同文件组成部分[47]。

投标报价风险应根据投标报价的编制过程，基于上述合同文件组成，并注意工程量清单计价模式的计价特点进行识别。其中，拟签订合同条款（通用合同条款和专用合同条款）、工程量清单和图纸是招标文件的组成部分；协议书、中标通知书、投标函及其附录的内容可在通用合同条款、专用合同条款中得到对应；技术标准和要求也可通过通用合同条款或专用合同条款中的质量约定条款进行风险分析。

因此，本章将以投标人的视角，基于合同文件（投标时为招标文件）的理性客观分析角度，排除人为主观风险因素（造价人员专业能力、失职、围标、串标、企业资质等）对投标报价的非常规影响，依据通用合同条款、专用合同条款、工程量清单和图纸进行风险识别分析，并据此设计工程量清单计价模式下的投标报价风险因素清单。

需要说明的是：基于招标文件中拟签订合同通用合同条款、专用合同条款进行风险识别时，合同条款中的承包人即为投标报价的投标人，发包人即为招标人。分析论述时，由于文件对象的不同，主体称谓不予区分，即分析承包人风险即为分析投标人风险。

3.1 通用合同条款投标报价风险识别

通用合同条款是《示范文本》的重要组成部分，内容主要包括工程活动参与主体在项目各个阶段的权利和义务、各个参与主体在履行合同义务和权利的过程中应遵循的工作程序、合同各方在可预见事件发生后的责任划分、不可预见事件发生后的处理程序及准则等。

通用合同条款共计 20 条，具体为：一般约定，发包人，承包人，监理人，工程质量，安全文明施工与环境保护，工期和进度，材料与设备，试验与检验，变更，价格调整，合同价格，计量与支付，验收和工程试车，竣工结算，缺陷责任与保修，违约，不可抗力，保险，索赔，争议解决。

现行的《示范文本》由住房和城乡建设部、国家工商总局于 2017 年联合发布。尽管《示范文本》是本着公平、风险分担的原则进行通用合同条款约定的，但绝对的平等是不存在的。在风险分担的基础上，还要一探究竟：通用合同条款对投标人的投标报价行为究竟有没有风险。

每一条通用合同条款下都有具体条款说明，本节将分别对这 20 条通用合同条款进行投标报价风险识别。

3.1.1 一般约定条款风险识别

对通用合同条款中的一般约定条款进行风险识别，见表 3-1。

表 3-1 一般约定条款风险识别

条款编号	条款内容	风险分析	风险因素
1.1	词语定义与解释	无风险	
1.2	语言文字	无风险	
1.3	法律	无风险	
1.4	标准和规范		
1.4.3	发包人对工程的技术标准、功能要求高于或严于现行国家、行业或地方标准的，应当在专用合同条款中予以明确。除专用合同条款另有约定外，应视为承包人在签订合同前已充分预见前述技术标准和功能要求的复杂程度，签约合同价中已包含由此产生的费用	招标人对技术标准和功能要求的约定实际是为了保证工程质量，投标人对相关技术标准和功能要求的质量应该有一个对应的报价	标准和功能要求对应工程质量的报价匹配风险
1.5	合同文件的优先顺序	无风险	
1.6	图纸和承包人文件	无风险	

（续）

条款编号	条 款 内 容	风 险 分 析	风 险 因 素
1.7	联络	无风险	
1.8	严禁贿赂	无风险	
1.9	化石、文物	无风险	
1.10	交通运输		
1.10.1	出入现场的权利： 承包人应在订立合同前查勘施工现场，并根据工程规模及技术参数合理预见工程施工所需的进出施工现场的方式、手段、路径等。因承包人未合理预见所增加的费用和（或）延误的工期由承包人承担	由于未查勘现场或对现场查勘深度不够，报价中相应的进出施工现场的方式、手段、路径等考虑不周导致相应的报价匹配风险	进出施工现场对应报价匹配风险
1.10.2	场内交通： 发包人应提供场外交通设施的技术参数和具体条件，承包人应遵守有关交通法规，严格按照道路和桥梁的限制荷载行驶，执行有关道路限速、限行、禁止超载的规定，并配合交通管理部门的监督和检查。场外交通设施无法满足工程施工需要的，由发包人负责完善并承担相关费用	在招标人提供的场外交通设施的技术参数和具体条件资料完整的情况下，投标人场外运输对应的材料、构件、设备采购单价报价风险	场外运输对应的材料、构件、设备采购单价报价风险
1.10.3	场内交通： 发包人应提供场内交通设施的技术参数和具体条件，并应按照专用合同条款的约定向承包人免费提供满足工程施工所需的场内道路和交通设施	依据招标人提供的场内交通，投标人进行相应的场内临时道路及施工组织平面布置，对应措施费的报价匹配风险	场内交通报价匹配风险
1.10.4	超大件和超重件的运输： 由承包人负责运输的超大件或超重件，应由承包人负责向交通管理部门办理申请手续，发包人给予协助。运输超大件或超重件所需的道路和桥梁临时加固改造费用和其他有关费用，由承包人承担，但专用合同条款另有约定除外	超大件和超重件的运输所需措施费用不足的报价风险	超大件和超重件的运输所需措施费报价风险
1.10.5	道路和桥梁的损坏责任： 因承包人运输造成施工场地内外公共道路和桥梁损坏的，由承包人承担修复损坏的全部费用和可能引起的赔偿	超常规运输措施报价风险	超常规运输措施费报价风险

（续）

条款编号	条 款 内 容	风 险 分 析	风险因素
1.11	知识产权	无风险	
1.12	保密： 除法律规定或合同另有约定外，未经发包人同意，承包人不得将发包人提供的图纸、文件以及声明需要保密的资料信息等商业秘密泄露给第三方	无风险	
1.13	工程量清单错误的修正： 除专用合同条款另有约定外，发包人提供的工程量清单，应被认为是准确的和完整的。出现下列情形之一时，发包人应予以修正，并相应调整合同价格： 1）工程量清单存在缺项、漏项的 2）工程量清单偏差超出专用合同条款约定的工程量偏差范围的 3）未按照国家现行计量规范强制性规定计量的	无风险	

通过分析通用合同条款中的一般约定条款，在表 3-1 中的风险识别分析，可以总结如下：

1）3 个报价匹配风险：标准和功能要求对应工程质量的报价匹配风险，进出施工现场对应报价匹配风险，场内交通报价匹配风险。

2）1 个单价报价风险：场外运输对应的材料、构件、设备采购单价报价风险。

3）4 个措施费风险：进出施工现场对应报价匹配风险，场内交通报价匹配风险，超大件和超重件的运输所需措施费报价风险，超常规运输措施费报价风险。

上述分类标准不同，因此进出施工现场对应报价匹配风险、场内交通报价匹配风险既出现在报价匹配风险中，又出现在措施费风险中。

报价匹配风险主要表现为报价不足。例如，山区陡坡建设项目，为实现建筑材料、设备的场内运输，是考虑施工便道还是滑轮组，都应在其投标报价中有所反映，把相关费用考虑充足；反之，则存在风险。

材料、构件、设备采购单价报价风险主要表现在原价、运杂、场外运输损耗及采购和保管费四个方面。场外运输则对应于运杂、场外运输损耗。若场外运输相对恶劣，则相应的材料、构件或设备采购单价应报高打足；反之，则存在风险。

通用合同条款中"一般约定"条款分析出的投标报价风险大多体现为措施费报价风险，一共有 4 个。措施费是为完成工程项目施工，发生于该工程施工前和施工过程中非工程实体项目的费用，由施工技术措施费和施工组织措施费组成。

工程量清单计价模式下，措施项目清单还被分为总价措施费和单价措施费。总价措施费通常包括安全文明施工费、夜间施工费、非夜间施工照明费、二次搬运费、冬雨季施工费、已完工程及设备保护费、工程定位复测费和地上、地下设施、建筑物的临时保护设施费等。除了安全文明施工属于不可竞争措施费之外，其他措施费都属于可竞争措施费。单价措施项目主要是技术类的措施项目，主要有脚手架、模板及支架、垂直运输费用、超高施工增加费用、大型机械设备进出场及安拆费用、施工排水、降水费用、施工临时用水、用电、雨污水排放费用等。单价措施费均属于可竞争措施费。措施费的风险在总价及单价措施费中均存在，但只能通过可竞争措施费进行应对。

投标人在其投标报价中对措施费的考虑应该是方方面面，慎重且反映其施工能力的。在工程量清单计价模式下，基于招标人的工程量清单进行措施费报价风险具体为下面三种情况：

1）招标清单中有列项但报价不足。例如，不少投标人对二次搬运报价不重视甚至不报价；若遇到场内狭窄，无现场堆放地点，则二次搬运费会出现报价不足的风险。

2）招标清单中没有列项。例如，特殊生产的工业项目，洁净度实验室的建设需要监测评估，其洁净度检测配合的措施不是常规措施，很多招标清单不会计列，投标人虽然可以增列该措施清单项，但往往重视度不够或检验不足，没有识别出风险，则相应的措施就存在漏项风险。

3）总价措施费中安全文明施工措施费不足。在 3.1.6 节中分析论述。

通用合同条款中"一般约定"条款分析出的 4 个措施费报价风险中，场内交通报价匹配风险属于第一种情况，可考虑在二次搬运措施费报价中应对该风险。进出施工现场对应报价匹配风险、超大件和超重件的运输所需措施费报价风险、超常规运输措施费报价风险属于第二种情况，可通过材料、构件、设备单价中的运杂、场外运输损耗应对风险。

3.1.2　发包人条款风险识别

对通用合同条款中的发包人条款进行风险识别，见表 3-2。

"发包人"通用合同条款主要是对发包人的权力义务进行约定，因此，其反映的都是发包人的风险。站在投标人的角度，则为无风险。

表 3-2　发包人条款风险识别

条 款 编 号	条 款 内 容	风 险 分 析
2.1	许可或批准	无风险
2.2	发包人代表	无风险
2.3	发包人人员	无风险
2.4	施工现场、施工条件和基础资料的提供	无风险
2.5	资金来源证明及支付担保	无风险
2.6	支付合同价款	无风险
2.7	组织竣工验收	无风险
2.8	现场统一管理协议	无风险

3.1.3　承包人条款风险识别

对通用合同条款中的承包人条款进行风险识别，见表 3-3。

表 3-3　承包人条款风险识别

条 款 编 号	条 款 内 容	风 险 分 析	风 险 因 素
3.1	承包人的一般义务	无风险	
3.2	项目经理	无风险	
3.3	承包人人员	无风险	
3.4	承包人现场查勘：承包人应对施工现场和施工条件进行查勘，并充分了解工程所在地的气象条件、交通条件、风俗习惯以及其他与完成合同工作有关的其他资料。因承包人未能充分查勘、了解前述情况或未能充分估计前述情况所可能产生后果的，承包人承担由此增加的费用和（或）延误的工期	投标人由于未能充分查勘、了解施工现场和施工条件以及工程所在地的气象条件、交通条件、风俗习惯等，施工组织计划准备不足，存在投标报价措施风险	现场施工组织措施报价风险
3.5	分包	无风险	
3.6	工程照管与成品、半成品保护	工程照管与成品、半成品保护措施费报价不足的风险	工程照管与成品、半成品保护措施费风险
3.7	履约担保	无风险	
3.8	联合体	联合体各方之间的协调沟通、组织管理风险	联合体各方之间的协调沟通、组织管理风险

通过分析承包人条款，其风险总结如下：

1）2 个措施费风险：现场施工组织措施报价风险，工程照管与成品、半成品保护措施费风险。

2）1 个管理费风险：联合体各方之间的协调沟通、组织管理风险。

承包人通用合同条款中的"承包人现场查勘"与通用合同条款 1.10.1 中"承包人现场查勘"注意区分。此处的"承包人现场查勘"对施工现场、施工条件、工程所在地气象条件、交通条件、风俗习惯均需踏勘，重心在施工现场内的踏勘；而通用合同条款 1.10.1 中"承包人现场查勘"主要是对"进出施工现场的方式、手段、路径"进行踏勘。

工程照管与成品、半成品保护措施费风险对应投标报价中的"成品保护"措施费。在竣工验收之前，已完工程及施工现场的成品、半成品的保护都是承包人的风险。

联合体各方之间的协调沟通、组织管理风险，更多地表现为管理效率和效益方面，对投标报价有影响，但不是直接影响，故投标报价容易忽略，造成风险。

3.1.4 监理人条款风险识别

对通用合同条款中的监理人条款进行风险识别，见表 3-4。"监理人"通用合同条款主要是对监理人的权力义务进行约定，因此，其反映的都是监理人的风险。站在投标人的角度，则为无风险。

表 3-4　监理人条款风险识别

条 款 编 号	条 款 内 容	风 险 分 析
4.1	监理人的一般规定	无风险
4.2	监理人员	无风险
4.3	监理人的指示	无风险
4.4	商定或确定	无风险

3.1.5 工程质量条款风险识别

对通用合同条款中的工程质量条款进行风险识别，见表 3-5。

表 3-5　工程质量条款风险识别

条 款 编 号	条 款 内 容	风 险 分 析	风 险 因 素
5.1	质量要求	无风险	
5.2	质量保证措施	施工方的质量管理需要一定的施工组织及措施的保证，因而存在质量保证措施与投标报价匹配风险	质量保证措施与投标报价匹配风险
5.3	隐蔽工程检查	无风险	
5.4	不合格工程的处理	无风险	

通用合同条款中的工程质量条款更多的是质量检查、管理程序上的规定，仅质量保证措施一项体现为质量保证措施与投标报价匹配风险。

3.1.6 安全文明施工与环境保护条款风险识别

对通用合同条款中的安全文明施工与环境保护条款进行风险识别，见表3-6。

表3-6 安全文明施工与环境保护条款风险识别

条款编号	条款内容	风险分析	风险因素
6.1	安全文明施工	主要表现为安全施工费和文明施工费，为不可竞争费，实际发生的费用与规定取费有可能存在差异	安全文明施工措施费报价风险
6.2	职业健康		
6.2.1	劳动保护： 承包人应按照法律规定安排现场施工人员的劳动和休息时间，保障劳动者的休息时间，并支付合理的报酬和费用。承包人应依法为其履行合同所雇用的人员办理必要的证件、许可、保险和注册等，承包人应督促其分包人为分包人所雇用的人员办理必要的证件、许可、保险和注册等 承包人应按照法律规定保障现场施工人员的劳动安全，并提供劳动保护，并应按国家有关劳动保护的规定，采取有效的防止粉尘、降低噪声、控制有害气体和保障高温、高寒、高空作业安全等劳动保护措施 承包人雇佣人员在施工中受到伤害的，承包人应立即采取有效措施进行抢救和治疗 承包人应按法律规定安排工作时间，保证其雇佣人员享有休息和休假的权利。因工程施工的特殊需要占用休假日或延长工作时间的，应不超过法律规定的限度，并按法律规定给予补休或付酬	无风险	
6.2.2	生活条件： 承包人应为其履行合同所雇用的人员提供必要的膳宿条件和生活环境；承包人应采取有效措施预防传染病，保证施工人员的健康，并定期对施工现场、施工人员生活基地和工程进行防疫和卫生的专业检查和处理，在远离城镇的施工场地，还应配备必要的伤病防治和急救的医务人员与医疗设施	主要表现为临时设施费，属于安全文明施工费，为不可竞争费，实际发生的费用与规定取费有可能存在差异	生活条件对应的措施费报价风险

（续）

条款编号	条款内容	风险分析	风险因素
6.3	环境保护： 承包人应在施工组织设计中列明环境保护的具体措施。在合同履行期间，承包人应采取合理措施保护施工现场环境。对施工作业过程中可能引起的大气、水、噪声以及固体废物污染采取具体可行的防范措施 承包人应当承担因其原因引起的环境污染侵权损害赔偿责任，因上述环境污染引起纠纷而导致暂停施工的，由此增加的费用和（或）延误的工期由承包人承担	环境保护费属于安全文明施工费，为不可竞争费，实际发生的费用与规定取费有可能存在差异	环境保护对应的措施费报价风险

在工程量清单计价模式下，基于招标人的工程量清单进行可竞争措施费报价的风险具体为下面三种情况：

1）招标清单中有列项但报价不足。

2）招标清单中没有列项。

3）总价措施费中安全文明施工措施费不足。

安全文明施工费是建筑成本之一，由环境保护费、文明施工费、安全施工费、临时设施费等四部分组成。《计价规范》中明确规定："安全文明施工费必须按规定计算，不得作为竞争性费用。承包人对安全文明施工费应专款专用，在财务账目中应单独列项备查，不得挪作他用"。要求承包人在财务管理中将安全文明施工费单独列出清单备查，不得竞争，就是为了保证承包人的措施投入，避免一些企业为了追求利益最大化而压缩安全文明措施费的投入，使安全文明施工无法得到保证。

通用合同条款中的安全文明施工与环境保护条款识别出的3个风险均属于第三种情况。其中，安全文明施工措施费报价风险对应文明施工费和安全施工费报价风险；生活条件对应的措施费报价风险对应临时设施费报价风险；环境保护对应的措施费报价风险对应环境保护费报价风险。

作为不可竞争费用的安全文明施工费，是由环境保护费用、文明施工费用、安全施工费用、临时设施费用组成。在编制设计概算、施工图预算、招标控制价时应足额计取，即安全文明施工费费率按基本费费率加现场评价费最高费率计列，即招标时，工程量清单中，该措施费大多是根据各省市建设工程造价部门规定的基本费率双倍计取的，具体见下列公式：

$$环境保护费费率 = 环境保护基本费费率 \times 2 \qquad (2-1)$$

$$文明施工费费率 = 文明施工基本费费率 \times 2 \qquad (2-2)$$

$$安全施工费费率 = 安全施工基本费费率 \times 2 \qquad (2-3)$$

$$临时设施费费率 = 临时设施基本费费率 \times 2 \qquad (2\text{-}4)$$

投标时，不允许调整费率。

结算时，安全文明施工费分基本费、现场评价费两部分计取。基本费为承包人在施工过程中发生的安全文明施工措施的基本保障费用，根据工程所在位置分别执行工程在市区时，工程在县城、镇时，工程不在市区、县城、镇时三种标准。现场评价费是指承包人执行有关安全文明施工规定，经发包人、监理人、承包人共同依据相关标准和规范性文件规定对施工现场承包人执行有关安全文明施工规定的情况进行自评，并经住房和城乡建设行政主管部门施工安全监督机构核定安全文明施工措施，最终综合评价得分，由承包人自愿向安全文明施工费费率测定机构申请并经测定费率后获取的安全文明施工措施增加费。即按现场打分表进行费率折算按实计算。

在某些情况下，例如安全文明施工费中的临时设施费，按照上述规定计算出的费用不一定与施工现场的临时设施布置实际费用吻合。投标人实际的安全文明施工费超过了招标文件工程量清单规定费率下的安全文明施工费，就产生了风险。这时，投标人可以通过提高类似的单价措施项目费用，甚至通过提高某些分部分项工程量清单中的综合单价来消化吸收该不可竞争总价措施费风险。

3.1.7　工期和进度条款风险识别

对通用合同条款中的工期和进度条款进行风险识别，见表3-7。

表 3-7　工期和进度条款风险识别

条款编号	条款内容	风险分析	风险因素
7.1	施工组织设计		
7.1.1	施工组织设计的内容 施工组织设计应包含以下内容： 1）施工方案 2）施工现场平面布置图 3）施工进度计划和保证措施 4）劳动力及材料供应计划 5）施工机械设备的选用 6）质量保证体系及措施 7）安全生产、文明施工措施 8）环境保护、成本控制措施 9）合同当事人约定的其他内容	施工组织设计决定了施工的方案、方法、质量保证措施等，投标人的分部分项工程综合单价应与之匹配	施工组织设计与投标报价匹配风险
7.2	施工进度计划	招标人要求的施工进度对施工方案是有影响的，对投标报价也会产生影响，如夜间施工增加费的计取	施工进度计划与投标报价匹配风险
7.3	开工	无风险	

（续）

条款编号	条 款 内 容	风 险 分 析	风险因素
7.4	测量放线	无风险	
7.5	工期延误	非正常情况，不考虑为风险	
7.6	不利物质条件： 不利物质条件是指有经验的承包人在施工现场遇到的不可预见的自然物质条件、非自然的物质障碍和污染物，包括地表以下物质条件和水文条件以及专用合同条款约定的其他情形，但不包括气候条件 承包人遇到不利物质条件时，应采取克服不利物质条件的合理措施继续施工，并及时通知发包人和监理人。通知应载明不利物质条件的内容以及承包人认为不可预见的理由 监理人经发包人同意后应当及时发出指示，指示构成变更的，按变更条款中的约定执行。承包人因采取合理措施而增加的费用和（或）延误的工期由发包人承担	非正常情况，不考虑为风险	
7.7	异常恶劣的气候条件： 异常恶劣的气候条件是指在施工过程中遇到的，有经验的承包人在签订合同时不可预见的，对合同履行造成实质性影响的，但尚未构成不可抗力事件的恶劣气候条件。合同当事人可以在专用合同条款中约定异常恶劣的气候条件的具体情形 承包人应采取克服异常恶劣的气候条件的合理措施继续施工，并及时通知发包人和监理人。监理人经发包人同意后应当及时发出指示，指示构成变更的，按变更条款中的约定办理。承包人因采取合理措施而增加的费用和（或）延误的工期由发包人承担	非正常情况，不考虑为风险	
7.8	暂停施工	非正常情况，不考虑为风险	
7.9	提前竣工	无风险	

通过分析工期和进度条款，其风险总结如下：

2 个报价匹配风险：施工组织设计与投标报价匹配风险，施工进度计划与投标报价匹配风险。

工期延误属于非常规现象。本书的研究前提是基于投标人能保质保量按时完成工程项目的正常情况下进行投标报价风险分析的，故不考虑其对投标报价的风险。

不利物质条件、异常恶劣的气候条件可以通过签证、索赔予以解决，故不考虑为投标报价风险。若实际发生，签证、索赔金额体现为工程量清单中的暂列金，更多地表现为招标人的风险。

暂列金额是指招标人在工程清单中暂定并包括在合同价款中的一笔款项，用于施工合同签订时尚未确定或者不可预见的所需材料、设备、服务的采购，施工中可能发生的工程变更、合同约定调整因素出现时的工程价款调整以及发生的索赔、现场签证确认等的费用。暂列金额一般可按分部分项工程费和措施项目费的 10% ~ 15% 计。暂列金额是招标文件给出的，但是暂列金不完全归中标人所有，只有按照合同约定程序实际发生后，才能成为中标人的金额，纳入合同价款中，扣除实际发生金额后的暂列金仍归招标人所有。

3.1.8 材料与设备条款风险识别

对通用合同条款中的材料与设备条款进行风险识别，见表3-8。

表 3-8　材料与设备条款风险识别

条 款 编 号	条 款 内 容	风 险 分 析	风险因素
8.1	发包人供应材料与工程设备	投标人无风险，其风险为招标人风险	
8.2	承包人采购材料与工程设备： 承包人负责采购材料、工程设备的，应按照设计和有关标准要求采购，并提供产品合格证明及出厂证明，对材料、工程设备质量负责。合同约定由承包人采购的材料、工程设备，发包人不得指定生产厂家或供应商，发包人违反本款约定指定生产厂家或供应商的，承包人有权拒绝，并由发包人承担相应责任	承包人采购的材料和工程设备，其采购质量对应其单价	材料与设备采购的单价匹配风险
8.3	材料与工程设备的接收与拒收： 承包人采购的材料和工程设备，应保证产品质量合格，承包人应在材料和工程设备到货前24小时通知监理人检验。承包人进行永久设备、材料的制造和生产的，应符合相关质量标准，并向监理人提交材料的样本以及有关资料，并应在使用该材料或工程设备之前获得监理人同意 承包人采购的材料和工程设备不符合设计或有关标准要求时，承包人应在监理人要求的合理期限内将不符合设计或有关标准要求的材料、工程设备运出施工现场，并重新采购符合要求的材料、工程设备，由此增加的费用和（或）延误的工期由承包人承担	无风险	
8.4	材料与工程设备的保管与使用		

（续）

条　款　编　号	条　款　内　容	风　险　分　析	风　险　因　素
8.4.2	承包人采购材料与工程设备的保管与使用： 承包人采购的材料和工程设备由承包人妥善保管，保管费用由承包人承担。法律规定材料和工程设备使用前必须进行检验或试验的，承包人应按监理人的要求进行检验或试验，检验或试验费用由承包人承担，不合格的不得使用	承包人采购材料与工程设备的保管与使用会产生费用，也体现在材料和设备的单价中	材料与设备保管的单价匹配风险
8.5	禁止使用不合格的材料和工程设备	无风险	
8.6	样品		
8.6.2	样品的保管： 经批准的样品应由监理人负责封存于现场，承包人应在现场为保存样品提供适当和固定的场所并保持适当和良好的存储环境条件	样品的保管会产生费用，却无对应费用明列	样品的保管措施费用风险
8.7	材料与工程设备的替代		
8.7.3	发包人认可使用替代材料和工程设备的，替代材料和工程设备的价格，按照已标价工程量清单或预算书相同项目的价格认定；无相同项目的，参考相似项目的价格认定；既无相同项目也无相似项目的，按照合理的成本与利润构成的原则，由合同当事人按照商定或确定条款确定价格	可通过设计变更解决，不表现为风险	
8.8	施工设备和临时设施		
8.8.1	承包人提供的施工设备和临时设施： 承包人应按合同进度计划的要求，及时配置施工设备和修建临时设施。进入施工场地的承包人设备需经监理人核查后才能投入使用。承包人更换合同约定的承包人设备的，应报监理人批准 除专用合同条款另有约定外，承包人应自行承担修建临时设施的费用，需要临时占地的，应由发包人办理申请手续并承担相应费用	无风险	
8.9	材料与设备专用要求： 承包人运入施工现场的材料、工程设备、施工设备以及在施工场地建设的临时设施，包括备品备件、安装工具与资料，必须专用于工程。未经发包人批准，承包人不得运出施工现场或挪作他用；经发包人批准，承包人可以根据施工进度计划撤走闲置的施工设备和其他物品	无风险	

　　材料、构件、设备采购单价风险主要表现在原价、运杂、场外运输损耗及采购和保管费四个方面。

材料与设备采购费用主要影响材料与设备的原价；材料与设备保管费用主要影响材料与设备的采购和保管费。原价及采购和保管费均包含在材料单价中，因此，这两种风险均识别为材料、设备单价匹配风险。样品的保管措施费用容易被投标人忽略，因为在分部分项工程费及措施费中均未明列此费用。若施工现场样品数量较多，此费用的忽略即为风险。

3.1.9 试验与检验条款风险识别

对通用合同条款中的试验与检验条款进行风险识别，见表3-9。

表3-9 试验与检验条款风险识别

条款编号	条款内容	风险分析
9.1	试验设备与试验人员	无风险
9.2	取样	无风险
9.3	材料、工程设备和工程的试验和检验	无风险
9.4	现场工艺试验	无风险

试验与检验条款大多是程序上的约定，故无投标报价风险。

3.1.10 变更条款风险识别

对通用合同条款中的变更条款进行风险识别，见表3-10。

表3-10 变更条款风险识别

条款编号	条款内容	风险分析	风险因素
10.1	变更的范围	无风险	
10.2	变更权	无风险	
10.3	变更程序	无风险	
10.4	变更估价		无风险
10.4.1	变更估价原则： 除专用合同条款另有约定外，变更估价按照本款约定处理： 1）已标价工程量清单或预算书有相同项目的，按照相同项目的单价认定 2）已标价工程量清单或预算书中无相同项目，但有类似项目的，参照类似项目的单价认定 3）变更导致实际完成的变更工程量与已标价工程量清单或预算书中列明的该项目工程量的变化幅度超过15%的，或已标价工程量清单或预算书中无相同项目及类似项目单价的，按照合理的成本与利润构成的原则，由合同当事人按照商定或确定条款确定变更工作的单价	工程变更有可能需要确定新的综合单价	工程变更的综合单价风险

（续）

条款编号	条款内容	风险分析	风险因素
10.5	承包人的合理化建议	无风险	
10.6	变更引起的工期调整	无风险	
10.7	暂估价	无风险	
10.8	暂列金额	无风险	
10.9	计日工	招标约定的计日工单价与实际市场价可能有偏差	计日工的市场波动单价风险

变更条款大多是程序上的约定。若实际发生，索赔金额体现为工程量清单中的暂列金，更多地表现为招标人的风险，故大多数条款无投标报价风险。

通用合同条款中的变更条款有两个风险：工程变更的综合单价风险，计日工的市场波动单价风险。

综合单价的确定原则有如下规定：

1）已标价工程量清单或预算书有相同项目的，按照相同项目单价认定。

2）已标价工程量清单或预算书中无相同项目，但有类似项目的，参照类似项目的单价认定。

3）变更导致实际完成的变更工程量与已标价工程量清单或预算书中列明的该项目工程量的变化幅度超过15%的，或已标价工程量清单或预算书中无相同项目及类似项目单价的，按照合理的成本与利润构成的原则，由合同当事人按照商定或确定条款确定变更工作的单价。

上述第2）、3）中"类似""无相同无类似"情况下综合单价的确定是"双刃剑"，对发包方和投标方都可能是风险，需要视具体情况分析。3）中的"15%"则有可能存在综合单价被重新"确定"（重新组价）的风险。

计日工是在施工过程中，完成发包人提出的工程合同范围以外的零星项目或工作，往往是用于一些突发性的额外工作，缺少计划性。

对于招标人而言，计日工清单往往忽略给出一个暂定工程量，无法纳入有效竞争，是造成计日工单价水平偏高的原因之一。因此，为了获得合理的计日工单价，计日工表中一定要给出暂定数量，并且需要根据经验，尽可能估算一个比较贴近实际的计日工单价。此时反映为招标人的风险。

若在招标文件里需要投标人进行计日工单价的填报，则需要考虑投标报价的计日工单价与实际市场价波动产生的偏差，此时即表现为计日工的市场波动单价风险。

暂估价、暂列金额大多是程序上的约定，故无投标报价风险。

3.1.11 价格调整条款风险识别

对通用合同条款中的价格调整条款进行风险识别，见表3-11。

表3-11 价格调整条款风险识别

条款编号	条款内容	风险分析	风险因素
11.1	市场价格波动引起的调整	市场价格波动主要影响人工单价和材料单价	市场价格波动产生的工程量清单综合单价风险
11.2	法律变化引起的调整	无风险	

市场价格波动产生的工程量清单综合单价风险应该是投标报价中重点考虑的风险。判断市场价格的波动趋势，进行综合单价中的材料单价的预判，尽量减少市场价格波动产生的工程量清单综合单价风险。

虽然在期中结算或竣工结算时，会有人工调差和材料调差的环节，但是上述调差并不能保证与实际人工、材料的市场涨跌完全一致。

人工调差按照相关部门发布的人工调差文件进行调差，但调差系数不一定与实际市场人工单价一致，存在着人工价差风险，见本书第6章例6-1。

材料调差首先有调差材料范围，其次还有调差风险范围，并不是所有的材料出现市场价格波动都能够被调差，也不是涨价部分全部都可以调增。鉴于专用合同条款会有具体的调差材料范围及调差风险范围的约定，为避免重复，此处（通用合同条款）的市场价格波动产生的工程量清单综合单价风险是指非调差范围内的材料涨价风险。

绝大多数的法律变化对招标拟建项目不会产生投标报价风险，新的法律法规的颁布与实施一般会有一定的时间差，已实施项目往往不会受新政策影响。

3.1.12 合同价格、计量与支付条款风险识别

对通用合同条款中的合同价格、计量与支付条款进行风险识别，见表3-12。

表3-12 合同价格、计量与支付条款风险识别

条款编号	条款内容	风险分析
12.1	合同价格形式	无风险
12.2	预付款	无风险
12.3	计量	无风险
12.4	工程进度款支付	无风险
12.5	支付账户	无风险

合同价格、计量与支付条款大多是程序上的约定，故无投标报价风险。

3.1.13 验收和工程试车条款风险识别

对通用合同条款中的验收和工程试车条款进行风险识别，见表3-13。

表 3-13　验收和工程试车条款风险识别

条款编号	条款内容	风险分析	风险因素
13.1	分部分项工程验收	无风险	
13.2	竣工验收	无风险	
13.3	工程试车	无风险	
13.4	提前交付单位工程的验收	无风险	
13.5	施工期运行	无风险	
13.6	竣工退场		
13.6.1	竣工退场： 颁发工程接收证书后，承包人应按以下要求对施工现场进行清理 1）施工现场内残留的垃圾已全部清除出场 2）临时工程已拆除，场地已进行清理、平整或复原 3）按合同约定应撤离的人员、承包人施工设备和剩余的材料，包括废弃的施工设备和材料，已按计划撤离施工现场 4）施工现场周边及其附近道路、河道的施工堆积物，已全部清理 5）施工现场其他场地清理工作已全部完成 施工现场的竣工退场费用由承包人承担。承包人应在专用合同条款约定的期限内完成竣工退场，逾期未完成的，发包人有权出售或另行处理承包人遗留的物品，由此支出的费用由承包人承担，发包人出售承包人遗留物品所得款项在扣除必要费用后应返还承包人	竣工退场的系列工作都需要费用	竣工退场措施的投标报价匹配风险
13.6.2	地表还原： 承包人应按发包人要求恢复临时占地及清理场地，承包人未按发包人的要求恢复临时占地，或者场地清理未达到合同约定要求的，发包人有权委托其他人恢复或清理，所发生的费用由承包人承担	地表还原会产生费用	地表还原措施的投标报价匹配风险

通过分析验收和工程试车条款，其风险总结如下：

有 2 个措施的投标报价匹配风险：竣工退场措施的投标报价匹配风险、地表还原措施的投标报价匹配风险。它们属于 3.1.1 节中分析的第二种措施风险：招标清单中没有列项的措施费风险。因此，只能通过在已列类似措施中增报措施费消除该风险或者增列相关措施费（招标文件允许的情况下）。

分部分项工程验收、竣工验收、工程试车、提前交付单位工程的验收、施工期运行大多是程序上的约定，故无投标报价风险。

3.1.14 竣工结算条款风险识别

对通用合同条款中的竣工结算条款进行风险识别，见表3-14。

表3-14　竣工结算条款风险识别

条款编号	条款内容	风险分析
14.1	竣工结算申请	无风险
14.2	竣工结算审核	无风险
14.3	甩项竣工协议	无风险
14.4	最终结清	无风险

竣工结算是建设项目竣工阶段涉及的内容，大多是程序上的规定，故无投标报价风险。

3.1.15 缺陷责任与保修条款风险识别

对通用合同条款中的缺陷责任与保修条款进行风险识别，见表3-15。

表3-15　缺陷责任与保修条款风险识别

条款编号	条款内容	风险分析
15.1	工程保修的原则： 在工程移交发包人后，因承包人原因产生的质量缺陷，承包人应承担质量缺陷责任和保修义务。缺陷责任期届满，承包人仍应按合同约定的工程各部位保修年限承担保修义务	无风险
15.2	缺陷责任期	无风险
15.3	质量保证金	无风险
15.4	保修	无风险

缺陷责任与保修是建设项目使用阶段涉及的内容，发生的费用不会体现在投标报价中，故无投标报价风险。

3.1.16 违约条款风险识别

对通用合同条款中的违约条款进行风险识别，见表3-16。

表3-16　违约条款风险识别

条款编号	条款内容	风险分析
16.1	发包人违约	无风险
16.2	承包人违约	无风险
16.3	第三人造成的违约	无风险

本书的研究前提是在投标阶段，基于投标人能保质保量按时完成工程项目，招标人也能够积极配合施工方的各项工作的正常情况下进行投标报价风险分析的，故违约条款无投标报价风险。

3.1.17　不可抗力条款风险识别

对通用合同条款中的不可抗力条款进行风险识别，见表 3-17。

表 3-17　不可抗力条款风险识别

条款编号	条款内容	风险分析
17.1	不可抗力的确认	无风险
17.2	不可抗力的通知	无风险
17.3	不可抗力后果的承担	无风险
17.4	因不可抗力解除合同	无风险

不可抗力条款大多是程序上的约定。若实际发生，应有具体的风险分担原则。本书的研究前提是在正常施工条件下进行投标报价风险分析，不可抗力不用体现在正常的投标报价中，故无投标报价风险。

3.1.18　保险条款风险识别

对通用合同条款中的保险条款进行风险识别，见表 3-18。

表 3-18　保险条款风险识别

条款编号	条款内容	风险分析
18.1	工程保险	无风险
18.2	工伤保险	无风险
18.3	其他保险	无风险
18.4	持续风险	无风险
18.5	保险凭证	无风险
18.6	未按约定投保的补救	无风险
18.7	通知义务	无风险

保险有些体现为规费，如工伤保险；有些则是招标人或投标人投的商业保险，不包含在投标报价中，属于广义工程造价的概念，不影响投标报价，故无投标报价风险。

3.1.19　索赔条款风险识别

对通用合同条款中的索赔条款进行风险识别，见表 3-19。

表3-19 索赔条款风险识别

条 款 编 号	条 款 内 容	风 险 分 析
19.1	承包人的索赔	无风险
19.2	对承包人索赔的处理	无风险
19.3	发包人的索赔	无风险
19.4	对发包人索赔的处理	无风险
19.5	提出索赔的期限	无风险

索赔条款大多是程序上的约定。若实际发生，索赔金额体现为工程量清单中的暂列金，更多地表现为招标人的风险，故不存在投标报价风险。

3.1.20 争议解决条款风险识别

对通用合同条款中的争议解决条款进行风险识别，见表3-20。

表3-20 争议解决条款风险识别

条 款 编 号	条 款 内 容	风 险 分 析
20.1	和解	无风险
20.2	调解	无风险
20.3	争议评审	无风险
20.4	仲裁或诉讼	无风险
20.5	争议解决条款效力	无风险

争议解决条款大多是程序上的约定。本书的研究前提是站在投标阶段，基于投标人能保质保量按时完成工程项目，招标人也能够积极配合施工方的各项工作的正常情况下进行投标报价风险分析的，故无投标报价风险。

3.2 专用合同条款投标报价风险识别

由于建设工程的单件性、一次性、唯一性等特点，每个工程项目都存在一定的特殊情况。除了通用合同条款的普适性约定，还需要在专用合同条款中进行特殊专属性约定。因此，专用合同条款也是建设工程施工合同的必要组成部分。

施工阶段的合同签订大多是在《示范文本》的基础上，依据项目自身的特点，在《示范文本》的专用合同条款中进行具体约定的。在实际建设工程中，发包方往往通过专用合同的约定转移风险，将应当由发包人承担的风险部分或全部转移给承包人。若投标人未能全面识别出专用合同条款中存在的各种风险，导致投标报价未进行对应风险考虑，最终的风险影响将会在施工合同实施过程中暴露并累积，那时，即使再好的成本控制，其作用也是有限的甚至无能为力。

应该说，对专用合同条款的风险分析应该比通用合同条款的风险分析更谨慎也更重要。毕竟，通用合同条款的普适性约定是本着公平、风险分担的原则进行编写的，而专用合同条款存在投标人易忽略的风险。

本节将选取具有代表性的实际工程的专用合同条款进行风险识别。

3.2.1　一般约定条款风险识别

1. “1.4 标准和规范”的风险识别

专用合同条款中一般约定条款“1.4 标准和规范”，如图3-1所示。

> 1.4 标准和规范
>
> 1.4.1 适用于工程的标准规范包括：____。
>
> 1.4.2 发包人提供国外标准、规范的名称：____；
>
> 发包人提供国外标准、规范的份数：____________________；
>
> 发包人提供国外标准、规范的名称：____________________。
>
> 1.4.3 发包人对工程的技术标准和功能要求的特殊要求：____。

图3-1　专用合同条款中一般约定条款“1.4 标准和规范”

如果招标人对建设项目有特殊的技术标准和功能要求，就会在“1.4 标准和规范”中进行相关约定，如图3-2所示。此时，注意风险识别。

> 1.4.3 发包人对工程的技术标准和功能要求的特殊要求：
>
> 防辐射功能：医疗大楼内设有可能或产生微量辐射医用设施和病情辅助检查设备，如 X 光设备。这些房间的墙体必须具有防辐射功能，如采用重金石混凝土、防辐射涂料等。

图3-2　专用合同条款中一般约定条款“1.4 标准和规范”约定实例

该专用合同条款是对技术标准和功能要求的特殊约定，使得投标人对施工工艺和质量要求的标准把握性要求特别高，投标人对招标人要求的特殊技术标准和功能要求对应的施工质量应该有匹配的报价，因此，存在与标准和功能要求匹配的报价风险。该专用合用条款的投标报价风险识别为：标准和功能特殊要求对应工程质量的报价匹配风险。

3.1.1节中通用合同条款的一般约定条款风险识别中有一个类似的风险：标准和功能要求对应工程质量的报价匹配风险，此风险需要注意与“标准和功能特殊要求对应工程质量的报价匹配风险”相区分。前者指非特殊常规标准和功能要求下的风险；后者指特殊标准和功能要求下的风险。两者并不矛盾，可能存在于同一个项目的投标报价风险中。如图3-2所示，涉及防辐射的房间的相关工程量清单的投标报价需要考虑“标准和功能特殊要求对应工程质量的报价匹配风险”，其余不涉及防辐射的工程量清单的投标报价则需要考虑“标准和功能要求对应工程质量的报价匹配风险”。

2. “一般约定”专用合同条款其余风险识别

专用合同条款中一般约定条款“1.10.4 超大件和超重件的运输”，如图3-3所示。

> 1.10.4 超大件和超重件的运输
>
> 运输超大件或超重件所需的道路和桥梁临时加固改造费用和其他有关费用由＿＿＿＿＿＿承担。

图3-3　专用合同条款中一般约定条款“1.10.4 超大件和超重件的运输”

专用合同条款中一般约定条款“1.10.4 超大件和超重件的运输”约定实例如图3-4所示。此时，风险则更为具体化。

> 1.10.4 超大件和超重件的运输
>
> 运输超大件或超重件所需的道路和桥梁临时加固改造费用和其他有关费用由＿＿承包方＿＿承担。

图3-4　专用合同条款中一般约定条款“1.10.4 超大件和超重件的运输”约定实例

该专用合同条款更加明确招标人将超大件和超重件的运输所需的措施费用报价风险转移给了投标人，因此该专用合同条款的投标报价风险识别为：超大件和超重件的运输所需措施费用不足的报价风险。

通过上述两个“一般约定”专用合同条款的识别分析，发现：专用合同条款与通用合同条款“3.1.1 一般约定条款风险识别”是对应的。在通用合同条款中识别为风险，在专用合同条款中的风险则更为具体。因此，通用合同条款中识别出的其余5个风险在专用合同条款中仍然是风险：进出施工现场对应报价匹配风险，场外运输对应的材料、构件、设备采购单价报价风险，场内交通报价匹配风险，超大件和超重件的运输所需措施费用不足的报价风险，超常规运输措施费报价风险。

上述结论有一点需要注意：虽然专用合同条款与通用合同条款的风险识别是一一对应的，都可以体现在投标报价风险因素清单（见本书3.5节）中，但用于实际工程的风险分析时，即具体项目在建立自己的投标报价风险因素清单时需避免重复：

1）若专用合同条款没有具体约定，则风险体现在通用合同条款中。

2）若专用合同条款有具体约定，则风险体现在专用合同条款中。

3.2.2　发包人合同条款风险识别

通过分析“发包人”专用合同条款，其所反映的是发包人的风险，站在投标人的角度，其条款内容未对投标报价产生影响。

3.2.3　承包人合同条款风险识别

1. “3.1 承包人的一般义务”的风险识别

专用合同条款中承包人条款“3.1 承包人的一般义务”，如图3-5所示。

3.1 承包人的一般义务

（9）承包人提交的竣工资料的内容：________________

________________________________。

承包人需要提交的竣工资料套数：________________。

承包人提交的竣工资料的费用承担：________________。

承包人提交的竣工资料移交时间：________________。

承包人提交的竣工资料形式要求：________________。

（10）承包人应履行的其他义务：________________。

图3-5　专用合同条款中承包人条款“3.1 承包人的一般义务”

专用合同条款中承包人条款“3.1 承包人的一般义务”约定实例，如图3-6所示。此时，风险具体化。

（10）承包人应履行的其他义务：

①按照政府质监站备案要求，承包人负责消防验收合格证的办理及之前所须具备的各项检测工作，并在质监站竣工验收前取得消防验收合格证书。

②在施工过程中，人防工程验收工作（如有），由承包人负责，并取得人防工程验收合格证。

③承包人应在主体工程验收后进行防雷接地验收的各项工作，并取得防雷接地验收合格证。

④承包人应进行基坑阶段、室内地坪阶段、底层到顶层的门窗洞阶段，三个阶段的白蚁防治检测工作，由承包人自行联系，并取得验收记录资料。

⑤本工程±0勘察复线和主体建筑勘察复线，由承包人自行联系，并取得复线资料。

图3-6　专用合同条款中承包人条款“3.1 承包人的一般义务”约定实例

上述专用合同条款的具体约定，实际具有导向作用。消防验收、人防过程验收、防雷接地验收在施工阶段后期进行，注意实施过程中资料的完备。投标报价时，检查招标工程量清单是否漏项，据此衡量投标报价风险。

白蚁检测、勘察复线在工程量清单中没有具体的清单项，因此该费用能否消化在投标报价中，视为风险。

专用合同条款中承包人条款"3.1 承包人的一般义务"投标报价风险识别为：验收、检测、勘察复线费用报价风险。

2. "3.5 分包"的风险识别

专用合同条款中承包人条款"3.5 分包"，如图 3-7 所示。

```
3.5 分包
3.5.1 分包的一般约定
禁止分包的工程包括：_____。
主体结构、关键性工作的范围：_____
_____。

3.5.2 分包的确定
允许分包的专业工程包括：_____
其他关于分包的约定：_____
_____。

3.5.4 分包合同价款
关于分包合同价款支付的约定：_____。
```

图 3-7　专用合同条款中承包人条款"3.5 分包"

专用合同条款中承包人条款"3.5 分包"约定实例，如图 3-8 所示。此时，风险具体化。

```
关于分包的约定：
　①发包人在工程量清单中给定暂估价的专业工程，包括从暂列金额开支的专业工程，达到依法应当招标的规模标准的，以及虽未达到规定的规模标准但合同中约定采用分包方式或者招标方式实施的，应当由发包人和承包人以招标方式确定专业分包人。除项目审批部门有特别核准外，暂估价的专业工程的招标应当采用与施工总承包同样的招标方式。
　②分包工程价款由承包人与分包人（包括专业分包人）结算。发包人未经承包人同意不得以任何形式向分包人（包括专业分包人）支付相关分包合同项下的任何工程款项。因发包人未经承包人同意直接向分包人（包括专业分包人）支付相关分包合同项下的任何工程款项而影响承包人工作的，所造成的承包人费用增加和（或）延误的工期由发包人承担。
　③未经发包人和监理人审批同意的分包工程和分包人，发包人有权拒绝验收分包工程和支付相应款项，由此引起的承包人费用增加和（或）延误的工期由承包人承担。
```

图 3-8　专用合同条款承包人条款"3.5 分包"约定实例

实际工程中的分包情况很多。有招标人确定的分包，有投标人确定的分包；有直接与招标人签订分包合同，有与投标人（即总包商）签订分包合同；工程款支付方式有招标人确认投标人（总包商）支付，有招标人直接支付。不同的组合方式风险大小不同。只要涉及分包，风险一定存在。如果是招标人确定的分包，则该报价风险可以通过总承包服务费消化；如果是投标人确定的分包，该风险在投标报价中得不到直接体现，但可以通过分包合同进行消化。

分包条款的投标报价风险主要识别为：分包管理费用风险。

3. 招标人额外增加的专用合同条款约定

招标人除了在专用合同条款里"填空"，还会自行添加约定，如图 3-9 和图 3-10 所示。

承包人为他人提供方便：
①承包人应当对在施工场地或者附近实施与合同工程有关的其他工作的独立承包人履行管理、协调、配合、照管和服务义务，由此发生的费用被认为已经包括在承包人的签约合同价（投标总报价）中，具体工作内容和要求包括：为旁站监理提供工作用房，配合发包人指定的跟踪审计单位开展工作。
②承包人还应按监理人指示为独立承包人以外的他人在施工场地或者附近实施与合同工程有关的其他工作提供可能的条件，可能发生的费用由监理人商定或者确定。

图 3-9　"招标人额外增加的专用合同条款约定"实例一

图 3-9 所示的"招标人额外增加的专用合同条款约定"中，为旁站监理提供工作用房，并不属于临时设施费所包含的内容。因为临时设施费是建筑企业为进行建筑工程施工所必须搭设的生活和生产用的临时建筑物、构筑物和其他临时设施费。为旁站监理提供工作用房，很容易让人误认为属于临时设施费，从而疏忽此费用是由此条额外增加的专用合同条款约定产生的额外费用，故产生遗漏报价风险。

一般施工单位不承担设计任务。随着咨询机构的重组合并，EPC 项目的推行，越来越多的咨询机构具有设计、施工、造价资质。因此，承包人在承揽施工任务的同时签约完成部分设计任务是一个趋势。这种情况下，图 3-10 中承包人承担设计的相关风险注意识别。

承包人的其他义务：由承包人负责完成的设计文件属于合同条款约定的承包人提供的文件，承包人应按照专用合同条款约定的期限和数量提交，由此发生的费用被认为已经包括在承包人的签约合同价（投标总报价）中。由承包人承担的施工图设计或与工程配套的设计工作内容；配合设计应由各专业生产厂商提供的加工图和大样图。

图 3-10　"招标人额外增加的专用合同条款约定"实例二

招标人一旦额外增加专用合同条款约定，即应识别为：招标人额外增加的承包人专用合同条款约定风险。

3.2.4 监理人合同条款风险识别

通过分析“监理人”专用合同条款，其风险主要由招标人承担，从投标报价的角度分析，不存在影响投标人的投标报价风险。

3.2.5 工程质量条款风险识别

专用合同条款中工程质量条款“5.1 质量要求”如图3-11所示。

5. 工程质量

5.1 质量要求

5.1.1 特殊质量标准和要求：＿＿＿＿＿＿＿＿＿＿

＿＿＿＿＿＿＿＿＿＿＿＿＿＿＿＿＿＿＿＿。

关于工程奖项的约定：＿＿＿＿＿＿＿＿＿＿

＿＿＿＿＿＿＿＿＿＿＿＿＿＿＿＿＿＿＿＿。

图3-11 专用合同条款中工程质量条款“5.1 质量要求”

专用合同条款一旦对5.1有了约定，都是提高标准的质量标准的要求，如图3-12所示。

门、窗、柱、墙和转角的无伤害功能要求：将医疗大楼结构的硬性棱角改为圆角，不仅能改善医院的观感效果，还可以避免因碰撞而导致的不必要损伤。这些无伤害要求的处理，都需要高质量的施工工艺和技术水平。

防滑防损伤地面：为防止病人摔倒，医院内的地面应具有防滑功能，楼地面多采用防滑的柔性橡胶地板，该地板对施工工艺和质量要求特别高。

图3-12 专用合同条款工程质量条款“5.1 质量要求”约定实例

投标报价是参考的计价定额，而计价定额的综合单价并不针对特殊高标准、特殊质量标准和要求。因此，此风险识别为：特殊要求的工程质量综合单价风险。

3.1.5节中识别出了一个类似风险：质量保证措施与投标报价匹配风险。此风险需要注意与“特殊要求的工程质量综合单价风险”相区分。前者指非特殊常规工程质量要求下的风险；后者指特殊质量要求下的风险。两者并不矛盾，可能存在于同一个项目的投标报价风险中。如图3-12所示，凡是做了无伤害功能及防滑防损伤地面相关工程量清单的投标报价，需要考虑“特殊要求的工程质量综合单价风险”；其余不涉及无伤害功能及防滑防损伤地面的工程量清单的投标报价则需要考虑“质量保证措施与投标报价匹配风险”。

3.2.6　安全文明施工与环境保护条款风险识别

专用合同条款中安全文明施工与环境保护条款“6.1 安全文明施工”，如图 3-13 所示。

6.1 安全文明施工

6.1.1 项目安全生产的达标目标及相应事项的约定：________________。

6.1.4 关于治安保卫的特别约定：________________。

关于编制施工场地治安管理计划的约定：________________。

6.1.5 文明施工

合同当事人对文明施工的要求：________________。

6.1.6 关于安全文明施工费支付比例和支付期限的约定：________________。

图 3-13　专用合同条款中安全文明施工与环境保护条款“6.1 安全文明施工”

专用合同条款中安全文明施工与环境保护条款“6.1 安全文明施工”约定实例如图 3-14 所示。如果招标人对项目安全生产和文明施工有约定，一般会有对应的奖罚条款，因此，风险产生。

6.1.4 关于治安保卫的特别约定：

承包人应当负责统一管理施工场地的治安保卫事项，履行合同工程的治安保卫职责。施工场地治安管理计划和突发治安事件紧急预案的编制责任人：承包人。

图 3-14　专用合同条款中安全文明施工与环境保护条款“6.1 安全文明施工”约定实例

此专用合同条款的投标报价风险识别为：特别约定的安全文明施工措施费报价风险。

3.1.6 节中识别出了一个类似风险：安全文明施工措施费报价风险。此风险需要注意与“特别约定的安全文明施工措施费报价风险”相区分。前者指《计价规范》的风险；后者指特殊要求下的风险。两者并不矛盾，可能存在于同一个项目的投标报价风险中。如图 3-14 所示，承包人需要编制施工场地治安管理计划和突发治安事件紧急预案，为此，发生的费用及相关管理人员的管理费用等应考虑为“特别约定的安全文明施工措施费报价风险”，因为它不包含在《计价规范》的安全文明施工费用内容中；《计价规范》涉及的安全文明施工费的投标报价则需要考虑“安全文明施工措施费报价风险”。

3.2.7 工期和进度合同条款风险识别

专用合同条款中工期和进度条款“7.7 异常恶劣的气候条件”，如图 3-15 所示。

7.7 异常恶劣的气候条件

发包人和承包人同意以下情形视为异常恶劣的气候条件：

（1）____________________；

（2）____________________；

（3）____________________。

图 3-15　专用合同条款中工期和进度条款“7.7 异常恶劣的气候条件”

招标人对专用合同条款 7.7 进行了“填空”约定，目的是清晰“异常恶劣的气候条件”的界定，减少合同执行过程中的纠纷，但实际就是缩小了“异常恶劣的气候条件”范围，缩小了索赔范围，扩大了报价风险，因此，此时就应该识别为：异常气候约定的报价风险。

3.2.8 材料与设备条款风险识别

1. 发包人供应的材料设备的保管费用的承担

专用合同条款中材料与设备条款“8.4 材料与工程设备的保管与使用”，如图 3-16 所示。

8. 材料与设备

8.4 材料与工程设备的保管与使用

8.4.1 发包人供应的材料设备的保管费用的承担：____________________。

图 3-16　专用合同条款中材料与设备条款“8.4 材料与工程设备的保管与使用”

专用合同条款中材料与设备条款“8.4 材料与工程设备的保管与使用”约定实例如图 3-17 所示。

8.4.1 发包人供应的材料设备的保管费用的承担：由发包人提供的材料和工程设备验收后，由承包人负责接收、运输和保管。

图 3-17　专用合同条款中材料与设备条款“8.4 材料与工程设备的保管与使用”约定实例

对发包人供应的材料设备，就是俗称的甲供材料和设备。总承包服务费是总承包人为配合、协调建设单位进行的专业工程发包，对建设单位自行采购的材料、工程设备等进行保管以及施工现场管理、竣工资料汇总整理等服务所需的费用。因此，甲供材料和设备的保管由承包人负责，相关费用包含在总承包服务费用中。运输一般包含在材料或设备的采购单价中，对于甲供材料和设备，意味着运输一般由招标人承担。但基于图 3-17 中的特殊约定："承包人负责运输"，加工材料和设备的运输费则包含在了总承包服务费中。因此，此时就应该识别为：甲供材料和设备约定风险。

2. 招标人额外增加的约定

材料、设备的采购是建设项目很重要的工作，招标人有时会在专用合同条款中进行额外约定，如图 3-18 所示。

> 承包人提供的材料和工程设备：除专用合同条款约定由发包人提供的材料和工程设备外，由承包人提供的材料和工程设备均由承包人负责采购、运输和保管。但是，发包人在工程量清单中给定暂估价的材料和工程设备，包括从暂列金额开支的材料和工程设备，其中属于依法必须招标的范围并达到规定的规模标准的，以及虽不属于依法必须招标的范围但合同中约定采用招标方式采购的，应当按专用合同条款的约定，由发包人和承包人以招标方式确定专项供应商。

图 3-18　招标人额外增加的专用合同条款约定实例

图 3-18 所示的"招标人额外增加的专用合同条款约定"为材料暂估价的实施。材料暂估价的实施经常是实践中的争议焦点。如果涉及的材料暂估价较多，且有额外增加的专用合同条款约定，报价可提前预知相关的招标人额外增加的材料与设备专用合同条款约定风险。

一旦招标人对材料和设备进行专用合同条款约定，就需要识别"招标人额外增加的材料与设备专用合同条款约定风险"。

3.2.9　变更条款风险识别

1. "10.4 变更估价"的风险识别

专用合同条款中变更条款"10.4 变更估价"，如图 3-19 所示。

> **10.4 变更估价**
>
> 10.4.1 变更估价原则
>
> 关于变更估价的约定：＿＿＿＿＿＿＿＿＿＿＿＿
>
> ＿＿＿＿＿＿＿＿＿＿＿＿＿＿＿＿＿。

图 3-19　专用合同条款中变更条款"10.4 变更估价"

专用合同条款中变更条款"10.4 变更估价"约定实例如图 3-20 所示。

关于变更估价的约定：

按照《建设工程工程量清单计价规范》(GB 50500—2013)中 9.3 条、9.4 条、9.5 条、9.6 条相关规定执行，并对 9.3.1（3）、9.6.2 两款做如下明确：

对 9.3.1（3）款明确为：已标价工程量清单中没有适用也没有类似于变更工程项目的，应由承包人根据变更工程资料、计量规则和计价办法、工程造价管理机构发布的信息价格和承包人报价浮动率提出变更工程项目的单价，并应报发包人确认后调整。承包人报价浮动率按下列公式计算：

招标工程：

$$承包人报价浮动率 L=（1-中标价/招标控制价）×100\%$$

对 9.6.2 款明确为：对于任一招标工程量清单项目，因实际工程量与招标工程量清单出现偏差以及工程变更等原因导致的工程量偏差超过 15% 时，可进行调整。当工程量增加 15% 以上时，增加部分的工程量的综合单价调低 5%（即按照原综合单价× 0.95 调整），当工程量减少 15% 以上时，减少后剩余部分的工程量的综合单价调高 5%（即按照原综合单价× 1.05 调整）。

图 3-20　专用合同条款中变更条款"10.4 变更估价"约定实例

一般而言，变更对承包人有利，在投标报价时不用考虑，因为通过签证可得到合同外费用的支付。但若招标人在专用合同条款中对变更有"浮动率"的约定，就需要考虑其对综合单价的影响。因此，该专用合同条款的投标报价风险识别为：工程变更浮动率综合单价风险。

2."10.7 暂估价"的风险识别

专用合同条款中变更条款"10.7 暂估价"，如图 3-21 所示。

10.7 暂估价

暂估价材料和工程设备的明细详见附件 11：《暂估价一览表》。

10.7.1 依法必须招标的暂估价项目

对于依法必须招标的暂估价项目的确认和批准采取第____种方式确定。

10.7.2 不属于依法必须招标的暂估价项目

对于不属于依法必须招标的暂估价项目的确认和批准采取第____种方式确定。

第 3 种方式：承包人直接实施的暂估价项目

承包人直接实施的暂估价项目的约定：_____

_____。

图 3-21　专用合同条款中变更条款"10.7 暂估价"

专用合同条款中变更条款"10.7 暂估价"约定实例，如图 3-22 所示。

约定实例中明确暂估价对应的专项供应商或专业分包人的招标人是承包人，与组织招标工作有关的费用应当被认为已经包含在承包人的签约合同价（投标总报价）中。此为"暂估价约定风险"。

按合同约定应当由发包人和承包人采用招标方式选择专项供应商或专业分包人的，应当由承包人作为招标人，依法组织招标工作并接受有管辖权的建设工程招标投标行政监督部门的监督。与组织招标工作有关的费用应当被认为已经包括在承包人的签约合同价（投标总报价）中：

①在任何招标工作启动前，承包人应当提前至少__45__天编制招标工作计划并通过监理人报请发包人审批，招标工作计划应当包括招标工作的时间安排、拟采用的招标方式、拟采用的资格审查方法、主要招标过程文件的编制内容、对投标人的资格条件要求、评标标准和方法、评标委员会组成、是否编制招标控制价和（或）标底以及招标控制价和（或）标底编制原则，发包人应当在监理人收到承包人报送的招标工作计划后__14__天内给予批准或者提出修改意见。承包人应当严格按照经过发包人批准的招标工作计划开展招标工作。

……

⑦承包人与专业分包人或者专项供应商订立合同前 30 天，应当将准备用于正式签订的合同文件通过监理人报请发包人审核，发包人应当在监理人收到相关文件后 15 天内给予批准或者提出修改意见，承包人应当按照发包人批准的合同文件签订相关合同，合同订立后 2 天内，承包人应当将其中的两份副本报送监理人，其中一份由监理人报发包人留存。

⑧发包人对承包人报送文件进行审批或提出的修改意见应当合理，并符合现行有关法律法规的规定。

⑨承包人违背本项上述约定的程序或者未履行本项上述约定的报批手续的，发包人有权拒绝对相关专业工程或者涉及相关专项供应的材料和工程设备的工程进行验收和支付相应工程款项，所造成的费用增加和（或）工期延误由承包人承担。发包人未按本项上述约定履行审批手续的，所造成的费用增加和（或）工期延误由发包人承担。

图 3-22 专用合同条款中变更条款"10.7 暂估价"约定实例

暂估价在《计价规范》中的规定如图 3-23 所示。约定实例中的约定与《计价规范》的规定对比，可以识别出暂估价约定风险。

9.9暂估价

9.9.1发包人在招标工程量清单中给定暂估价的材料、工程设备属于依法必须招标的，应由发承包双方以招标的方式选择供应商，确定价格，并应以此为依据取代暂估价，调整合同价款。

9.9.2发包人在招标工程量清单中给定暂估价的材料、工程设备不属于依法必须招标的，应由承包人按照合同约定采购，经发包人确认单价后取代暂估价，调整合同价款。

9.9.3发包人在工程量清单中给定暂估价的专业工程不属于依法必须招标的，应按照本规范第9.3节相应条款的规定确定专业工程价款，并应以此为依据取代专业工程暂估价，调整合同价款。

9.9.4发包人在招标工程量清单中给定暂估价的专业工程，依法必须招标的，应当由发承包双方依法组织招标选择专业分包人，并接受有管辖权的建设工程招标投标管理机构的监督，还应符合下列要求：

1除合同另有约定外，承包人不参加投标的专业工程发包招标，应由承包人作为招标人，但拟定的招标文件、评标工作、评标结果应报送发包人批准，与组织招标工作有关的费用应当被认为已经包括在承包人的签约合同价（投标总报价）中。

2承包人参加投标的专业工程发包招标，应由发包人作为招标人，与组织招标工作有关的费用由发包人承担。同等条件下，应优先选择承包人中标。

3应以专业工程发包中标价为依据取代专业工程暂估价，调整合同价款。

图 3-23 《计价规范》中的暂估价的规定

《计价规范》规定：承包人作为招标人，与组织招标工作有关的费用应当被认为已经包括在承包人的签约合同价（投标总报价）中。《计价规定》与约定实例相同。但，《计价规范》还有规定：暂估的材料、工程设备，确定价格后（无论是否招标），确定的单价取代暂估价，调整合同价款；暂估的专业工程，确定专业工程价款后（无论是否招标），确定的价款（若招标则为中标价）取代专业工程暂估价，调整合同价款。

结合《计价规范》的上下文规定，规范规定的“取代”是广义的。例如，对于承包人负责招标的暂估专业工程，中标价取代专业工程暂估价，组织招标工作有关的费用怎么考虑呢？因此，应该理解为中标价（包含组织招标工作有关的费用）取代专业工程暂估价。因此，工程量清单中的专业工程暂估价应该是在中标价的基础上，适当考虑招标相关费用。

由于暂估价为招标文件规定，投标报价时不允许更改。因此，暂估价的上述理解是否体现在招标工程量清单中，是识别暂估价约定风险的判断标准。暂估价约定风险的理解和识别见本书第 6 章例 6-2。

此外，通过约定实例和《计价规范》规定，还能识别出暂估价约定风险的另一个层面：分包商管理的报价风险。暂估的专业工程如果不是承包人实施，就会涉及分包商，此处对分包商管理的报价风险的理解及应对可参见 3. 2. 3 节承包人合同条款风险识别“3. 5 分包”的风险识别中对分包管理费用风险的阐述。

3. 2. 10　价格调整条款风险识别

专用合同条款中价格调整条款“11. 1 市场价格波动引起的调整”，如图 3-24 所示。

11.1 市场价格波动引起的调整

第 2 种方式：采用造价信息进行价格调整。

（2）关于基准价格的约定：________________________。

专用合同条款①承包人在已标价工程量清单或预算书中载明的材料单价低于基准价格的：专用合同条款合同履行期间材料单价涨幅以基准价格为基础超过___%时，或材料单价跌幅以已标价工程量清单或预算书中载明的材料单价为基础超过___%时，其超过部分据实调整。

②承包人在已标价工程量清单或预算书中载明的材料单价高于基准价格的：专用合同条款合同履行期间材料单价跌幅以基准价格为基础超过___%时，或材料单价涨幅以已标价工程量清单或预算书中载明的材料单价为基础超过___%时，其超过部分据实调整。

③承包人在已标价工程量清单或预算书中载明的材料单价等于基准单价的：专用合同条款合同履行期间材料单价涨跌幅以基准单价为基础超过±___%时，其超过部分据实调整。

图 3-24　专用合同条款中价格调整条款“11. 1 市场价格波动引起的调整”

专用合同条款中价格调整条款"11.1 市场价格波动引起的调整"约定实例如图 3-25 所示。

物价波动引起的价格调整方法：采用造价信息调整价格差额。
监理人应按以下办法调整需要进行价格调整的材料单价：
①施工期间，市场物价波动引起材料价格波动的风险幅度为 5%，其中钢材、水泥、电线电缆、砂石、砖的风险幅度为 3%。
②具体调整方法按川建造价发〔2009〕75 号文件规定的调整方法调整。
③与工程造价信息中材料名称、规格、型号、产地、完全一致的装饰装修及安装材料价按施工当期信息价调整，否则，为不可调。

图 3-25　专用合同条款中价格调整条款"11.1 市场价格波动引起的调整"约定实例

实际上，在专用合同中，可以选择两种价格调整方式：采用价格指数进行价格调整和采用造价信息进行价格调整。由于，目前采用的多为后者，故图 3-24 节选的是第 2 种方式。根据图 3-25 可以分析出价格调整约定的材料报价风险。首先是风险幅度 5% 和 3% 的约定，并不是只要材料涨价，承包商就能得到调差。其次是调差范围的约定，必须是工程造价信息中材料名称、规格、型号、产地完全一致，才能调差。因此，不是所有的涨价材料都能调差。

一般情况下，发包人都会在"11.1 市场价格波动引起的调整"专用合同条款中进行相关约定，因此，投标人在投标报价时，根据上述风险幅度、调差方法和调差范围合理进行材料设备单价的报价，规避涨价风险是非常重要的，毕竟材料费会占到整个投标报价的 65% ~ 75%。此处识别的"材料单价调整风险"见本书第 6 章例 6-3。

3.2.11　验收和工程试车条款风险识别

专用合同条款中验收和工程试车条款"13.3 工程试车"，如图 3-26 所示。

13.3 工程试车

13.3.1 试车程序
工程试车内容：＿＿＿＿＿＿＿＿＿＿＿＿＿＿＿＿＿＿＿＿＿＿＿＿＿＿＿＿＿
＿＿＿＿＿＿＿＿＿＿＿＿＿＿＿＿＿＿＿＿＿＿＿＿＿＿＿＿＿＿＿＿＿＿。

（1）单机无负荷试车费用由＿＿＿＿＿＿＿＿＿＿＿＿＿＿承担。
（2）无负荷联动试车费用由＿＿＿＿＿＿＿＿＿＿＿＿＿承担。

13.3.3 投料试车
关于投料试车相关事项的约定：＿＿＿＿＿＿＿＿＿＿＿＿＿＿＿＿
＿＿＿＿＿＿＿＿＿＿＿＿＿＿＿＿＿＿＿＿＿＿＿＿＿＿＿＿＿。

图 3-26　专用合同条款中验收和工程试车条款"13.3 工程试车"

专用合同条款中验收和工程试车条款"13.3 工程试车"约定实例如图 3-27 所示。

试运行：工程及工程设备试运行的组织与费用承担
　　① 工程设备安装具备单机无负荷试运行条件，由承包人组织试运行，费用由承包人承担。
　　② 工程设备安装具备无负荷联动试运行条件，由发包人组织试运行，费用由发包人承担。
　　③投料试运行应在工程竣工验收后由发包人负责，消防水池及其他设备项目需提前预验收的，预验收后成品保护由承包人承担，在工程全部竣工验收后交发包人负责。

图 3-27　专用合同条款中验收和工程试车条款"13.3 工程试车"约定实例

试车分为单机无负荷试车、无负荷联动试车、投料试车。试车由谁组织，相关的费用就归属于谁。图 3-27 是正常情况下的约定，但只要"13.3 工程试车"进行了责任义务的划分预定，就需要注意识别"试车费用风险"，判断费用归属。

3.2.12　其余专用合同条款风险识别

合同价格、计量与支付，试验与检验，竣工结算，缺陷责任与保修，违约，不可抗力，保险，索赔，争议解决专用合同条款均为程序上的约定，对投标报价没有影响，故无风险。

3.3　工程量清单投标报价风险识别

工程量清单是招标文件的重要组成部分，主要包括工程量清单总说明、分部分项工程量清单、措施项目清单、其他项目清单、规费税金清单五部分。结合工程实例从这五个方面归纳分析识别投标报价风险。

3.3.1　工程量清单总说明风险识别

工程量清单总说明如图 3-28 所示。其中，工程概况、工程量清单编制依据一般不涉及投标报价风险。工程质量、材料、施工的特殊要求的报价风险在 3.2 节及 3.3 节中已识别。

1. 工程招标和分包范围风险

投标报价时，必须明确其报价范围，即工程招标和分包范围。这涉及合同内及合同外的界定。投标报价后中标，签订的合同价是合同内报价，工程建设实施过程中严格执行合同的约定。出现工程招标和分包范围外的工作，即合同外，则通过签证处理，不是投标人的风险。

若发现清单内容与"工程招标和分包范围"不一致，则可能产生"发包范围模糊或矛盾的风险"，见本书第 6 章例 6-4。

总 说 明

工程名称：　　　　　　　　　　　　　　　　　　　　　　　第1页 共1页

1. 工程概况
建设规模：
　工程特征：
　计划工期：
　施工现场及变化情况：
　自然地理条件：
　环境保护要求：
2. 工程招标和分包范围
3. 工程量清单编制依据
4. 工程质量、材料、施工等的特殊要求
5. 其他需要说明的问题

图 3-28　工程量清单总说明

2. 其他需要说明的问题风险

通过表 3-21 分析识别"其他需要说明的问题"中的常见风险。

表 3-21　其他需要说明的问题风险分析

示 例 条 文	风 险 分 析
挖土方工程量中的连砂石不得外运，堆放在招标人指定现场地点，其转运的费用包含在综合单价中，投标人应充分考虑以上因素，中标后综合单价不调整；无论土方开挖的实际施工方案（实际采用的施工组织设计应为监理工程师批准的方案）是否与投标的施工方案一致，挖土方项目的综合单价均不调整	挖土方的综合单价风险
土方回填：土方工程的回填工程量按 2015《四川省建设工程工程量清单计价定额》相关规定进行计算及结算，其综合单价中还应包括土方的转运费用	土方回填的综合单价风险
原地形先进行机械挖运土方至设计标高，再做基坑支护，基坑支护顶标高的确定需要与设计单位、建设单位、监理单位共同确定，基坑支护影响到各个专业施工造成的增加费用由施工单位自行承担	基坑支护投标报价风险
土方外弃中的政策性费用投标人自行考虑，在结算时不做调整	土方外弃的综合单价风险
所有钢筋的搭接量（含钢筋搭接导致的箍筋加密工程量）不计算在工程量中，投标人投标报价时自行将钢筋搭接量（含钢筋搭接导致的箍筋加密工程量）与费用考虑在综合单价中，结算时不计算搭接工程量；钢筋工程中钢筋的连接方式必须满足规范及设计要求，无论采用绑扎、焊接、机械连接，还是采用其他方式，其发生的费用计入综合单价中，中标后不做调整	钢筋连接的报价风险

（续）

示 例 条 文	风 险 分 析
构造柱、墙体拉结筋、现浇圈梁、现浇过梁、配筋带连接处、装饰后浇注等一切与主体结构相连的钢筋，投标人无论采用植筋、预留或预埋，还是采用其他方式，其发生的费用投标人应在相应项目的综合单价中考虑，甲方不再对上述施工方法签证	钢筋连接的报价风险
清单中的过梁按现浇列项，实际施工中无论采用现浇还是预制，其综合单价均不调整	过梁的综合单价风险
在主体结构完成施工后，需要与设计单位、建设单位在此确认二次装修范围再进行后续施工，在二次装修时造成的墙体改造、剔除抹灰等费用由施工单位自行承担。为保证装修效果，施工前应由业主、设计、监理、施工等共同确定样品，二次装修材料的选择与装修效果必须与二次装修效果图一致	二次装修措施费报价风险
所有安装工程的预留孔洞及封堵孔洞，均在相应项目的综合单价报价时考虑，中标后不调整	预留孔洞及封堵孔洞的报价风险
所有安装工程的管线（包括电缆桥架等）穿楼板、墙体、管井等一切需要做防火封堵的部位，中标人必须按照规范、标准和消防要求用合格的防火堵料封堵，相关费用包含在防火堵洞安装项的综合单价中，招标人不再额外支付	防火堵料封堵的报价风险
按照规范、设计要求必须进行防火涂层保护的设备、材料，中标人必须按照标准和规范施工，相关费用包含在相应项目综合单价中，招标人不再额外支付	防火涂层的报价风险
投标人应充分考虑施工过程中成品、半成品的保护措施，以及各施工单位交叉作业时进行成品、半成品保护的协调工作，投标时应综合考虑以上因素并体现在综合单价中。中标后招标人将视投标人已在投标报价中综合考虑与成品、半成品采取保护措施相关的一切费用。设备或成品材料邮件等在运输、安装未交工前的过程中表面漆膜损坏应进行补漆的工作，其费用应含在相应项目的综合单价中，若发生以上问题，招标人不会调整综合单价，也不会再支付与此相关的费用	成品、半成品保护措施费的报价风险
设备材料要求：投标人应采用不低于给定的品牌（厂家）产品品质的材料，若采用的材料未符合相应的品质，则招标人可以在给定的三个品牌（厂家）中任意指定一个给中标人使用	设备材料品牌的报价匹配风险
按有关文件规定工程混凝土必须使用商品混凝土，砂浆必须采用预拌砂浆（干混砂浆）。投标人自行考虑零星混凝土使用商品混凝土、零星砂浆使用预拌砂浆可能增加的费用并考虑在综合单价中，中标后综合单价不再进行调整。无论项目名称、项目特征是否描述为商品混凝土、干混砂浆，投标人都应该按商品混凝土、干混砂浆进行报价	零星混凝土、砂浆的报价风险
需外弃的建筑废渣、生活垃圾等废弃物不得滞留在施工现场，应随产生随清运，投标人在投标报价时应自行考虑该项费用，中标后不调整	建筑废渣、生活垃圾清运的措施费风险
施工现场实际情况与交通运输情况：投标人应对施工现场实地进行踏勘，以便确定是否需要计取材料（设备）二次搬运费、施工降（排）水及结合工程实施期间确定是否需计取冬雨季施工费并将有关费用考虑到相关报价中，对以上费用在工程实施过程中实际发生时不再另行签认	施工现场、环境的措施报价风险

（续）

示　例　条　文	风　险　分　析
工程中梁板、悬挑板、雨篷、直行楼梯的混凝土模板均按清水模板考虑（混凝土天棚及与天棚相连的梁均不抹灰；若因梁、板的平整度而增加的抹灰或刮腻子费用均不另行计算，包括在清水模板综合单价中）	清水模板的计量报价风险

表 3-21 是一个有代表性的工程完整的工程量清单总说明中"其他需要说明的问题风险"的分析，总结分类如下：

1）土方综合单价的报价风险：包括挖土方的综合单价风险、土方回填的综合单价风险、土方外弃的综合单价风险。土方综合单价产生的风险源主要是场内或场外土方的运输是否在报价时充分考虑。

2）基坑支护投标报价风险：现在的建筑大多有地下室，因此基坑支护是常有的设计，一般由岩土勘察设计院进行设计，该风险主要表现为与其他专业施工的相互干扰产生的界面施工干扰费用。

3）钢筋连接的报价风险：包含钢筋之间的连接和构造连接的报价风险。

4）过梁的综合单价风险：预制过梁和现浇过梁的施工工艺不同，施工所需时间不同，综合单价也不同。施工图上的预制过梁在实际施工中，一个有经验的承包人有可能会和旁边的门窗框、构造柱一起现浇，节约工期。此时，预制过梁和现浇过梁的综合单价价差表现为投标人需要事先测定的风险。

5）措施费风险：包括二次装修措施费报价风险，成品、半成品保护措施费的报价风险，建筑废渣、生活垃圾清运的措施费风险，施工现场、环境的措施报价风险。其中，二次装修措施费报价风险；成品、半成品保护措施费的报价风险；施工现场、环境的措施报价风险、清水模板的计量报价风险均在合同条款中被识别为风险。建筑废渣、生活垃圾清运的措施费包含在安全文明施工措施中，一般不是风险。除非建筑废渣、生活垃圾清运的距离或要求比较特殊，安全文明施工措施费率计算包不住，视为风险。

6）综合报价风险：包括预留孔洞及封堵孔洞的报价风险，防火堵料封堵的报价风险，防火涂层的报价风险，设备材料品牌的报价匹配风险，零星混凝土、砂浆的报价风险；清水模板的计量报价风险。前三项在《计量规范》中是有清单项的，但由于工程量很难确定，工程量清单的编制人往往通过"清单编制说明"予以风险转移。一个有经验的承包人应该对此进行总价衡量即风险防范，考虑让利或在相关的清单中予以增加报价；设备材料品牌和报价一定要匹配，不能为了提高中标率忽略品牌要求报单价；零星混凝土、砂浆的综合单价会比参考计价定额组价得到的综合单价高，零星混凝土、砂浆的量越多，风险越大；清水模板会导致抹灰即腻子工程量的大量减少，同时清水模板的综合单价比其他模板的综合单价高。此外，工程量清单的编制人不一定正确计算了模板、抹灰和腻子的工程量，应在工程量清单工程量的基础上识别是否存在风险。

3. 招标人补充的其他说明风险

招标人会在图 3-28 工程量清单总说明中补充一些其他的说明，其风险识别见表 3-22。

表 3-22 投标报价说明及编制要求风险识别

示 例 条 文	风 险 分 析
工程量清单中的措施项目清单与计价表是指：为完成工程项目施工，发生于施工前、施工过程中的技术、生活、安全等方面的非实体项目的清单，投标人应根据招标人提供的施工图、现场踏勘的情况、施工组织设计的措施方案和企业自身的情况，精心设计投标施工技术组织措施方案并进行措施费报价。中标后承包人不能以招标人或招标人委派的监理工程师对其施工组织设计（施工方案）做出调整性意见而得到另外的支付	措施包干风险
施工用电、用水，投标人自行踏勘现场，按招标人提供的位置，自行接入，自行勘察现场确定距离，该项措施费应包含接驳点之后的所有施工费用（即用电、配电及施工用水所需材料、设备、设施等所有费用）；若中标人自行打井取水，一切手续、费用及责任均由中标人自行负责	现场用电、用水布设的报价风险
施工场地与公共道路之间的通道，投标人自行踏勘现场，如需在施工场地围墙外修建施工通道（满足其他单位的通行需求）并包含在报价中，由投标人自行报价，该费用包干使用，不做调整，也不做任何签证	施工通道的报价风险
投标人须结合现场实际情况自行考虑冬季雨季施工、排水、排污等措施费，中标后不做任何调整，也不另行签证	措施费包干风险
混凝土模板应为钢模、木模、砖胎模及不同混凝土强度等级的构件交接处（如柱、梁、墙、板等）、预留施工缝处采用金属网或其他措施所需费用由投标人自行考虑在措施项目清单与计价表的综合单价中综合考虑报价。施工中无论采用何种模板，措施项目清单与计价表中模板及支架费中标后综合单价均不调整	模板、支架、金属网措施费的报价风险
现浇钢筋中固定位置的支撑钢筋、双层钢筋用的"铁马"，伸入构件的锚固筋、预制构件的吊勾、构造柱植筋、模板固定和支撑所采取相应措施（如采用对拉螺杆、拉片等）而发生的费用等已经包括在分部分项清单与计价表及措施项目清单与计价表中包干使用，结算时不做调整	非结构钢筋的包干报价风险
措施项目清单与计价表中的脚手架费由投标人自行报价且包干使用，中标后不做任何调整	脚手架费包干风险
投标人在投标报价时须充分结合施工现场实际情况全面考虑措施费，除环境保护费、安全施工费、文明施工费和临时设施费、现浇混凝土模板费（因工程量的出入）可调外，其余措施费中标后不做任何调整，也不另行签证	措施费包干风险
施工降水、土方护壁由投标人结合地勘报告、投标方案、现场情况以及施工单位自身情况自行报价，降水井的个数及降水井的深度必须达到降水的要求	施工降水、土方护壁措施费的报价匹配风险

（续）

示 例 条 文	风 险 分 析
临时设施：施工单位自行踏勘现场，如现场无法满足施工需求需要外租场地及用房的施工单位综合考虑不做任何签证	临时设施包干风险
措施项目清单与计价表中的项目除环境保护费、安全施工费、文明施工费和临时设施费外投标人可根据自身情况和工程实际情况自行增减，投标人未列或未报价的措施项目，招标人将视作其费用已包含在其他措施项目中，中标后不调整。除双方另有约定外，措施费包干使用，中标后不调整。总价措施项目清单中的安全文明施工费按照招标工程量清单给定费率进行报价，竣工时按有关规定结算	措施费包干风险
投标人应认真踏勘现场，以了解工程的具体情况和任何足以影响投标报价的情况，若因投标人忽视或误解而导致的经济和工期索赔，招标人将予以拒绝	未踏勘现场或对现场踏勘深度不够，措施、施工方案考虑不周导致的报价匹配风险

表 3-22 所示是一个有代表性的工程完整的工程量清单总说明中"招标人补充的其他说明风险"的分析，总结分类如下：

1）包干风险：包括措施包干风险、非结构钢筋的包干报价风险、脚手架费包干风险、临时设施包干风险。其中，措施包干风险、临时设施包干风险实际是合同条款中已识别的风险；非结构钢筋的包干报价风险与表 3-21 中其他需要说明的问题风险分析中的钢筋连接的报价风险有部分重复；脚手架费包干风险需要根据经验进行判断：计价定额的综合脚手架或地下室的满堂脚手架是否与投标方案匹配。

2）安全文明施工措施的报价风险：包括现场用电、用水布设的报价风险，施工通道的报价风险。安全文明施工措施费属于不可竞争措施费，因此，现场用电、用水布设和施工通道的费用能不能与规定的费率计算出的费用匹配，是需要判断的风险。

3）模板、支架、金属网措施费的报价风险。例如金属网，原本可以通过分部分项列项计算费用，一旦写入编制说明，即成为报价风险。

4）施工降水、土方护壁措施费的报价匹配风险。需要结合施工经验进行投标报价，若为竞争降低报价，则为风险。

5）未踏勘现场或对现场踏勘深度不够，措施、施工方案考虑不周导致的报价匹配风险。此风险在合同文本风险分析时已识别，说明同一风险表述会重复出现，但不要重复识别。

"招标人补充的其他说明风险"的分析见本书第 6 章例 6-5。

3.3.2 分部分项工程量清单风险识别

1. 清单项目特征描述风险

项目特征是构成分部分项工程量清单项目以及单价措施项目自身价值的本质特征，是确定一个清单项目综合单价不可缺少的重要依据，在编制的工程量清单中必须对其项目特征进行准确和全面的描述。

在实际项目招标过程中，招标人可能局限于设计深度和对《计价规范》的认识和理解，项目特征描述常会出现不准确或不完整的情况，从而影响投标报价的准确性。如果此类清单项较多，说明工程量清单的编制质量较差，风险较大。但此类风险是双刃剑，也有可能给投标人中标后实施项目带来较多的签证（项目特征与图纸不符），此为正偏离风险。本书主要研究负偏离风险。

另一种情况则是工程量清单的编制质量很高，即所谓的闭口清单，项目实施过程中很少通过项目特征描述的漏洞进行签证，如图 3-29 所示。

分部分项工程和单价措施项目清单与计价表

工程名称：　　　　　　　　　　　　　　　　标段：　　　　　第1页　共135页

序号	项目编码	项目名称	项目特征描述	计量单位	工程量	金额（元）		
						综合单价	合价	其中
								定额人工费　暂估价
1	010101002017	挖一般土方	1. 土壤类别：二类土 2. 弃土运距：投标人自行考虑	m				

图 3-29　项目特征描述实例

图 3-29 中关于弃土运距的描述，就有可能识别为风险。若投标人没有报足弃土运距，视为风险。

"清单项目特征描述风险"的识别和分析见本书第 6 章例 6-8。

2. 工程量偏差风险

《计价规范》中明确了工程量偏差的幅度范围，且将幅度明确调整至 ±15%，由于结算时工程量按实计算，故工程量偏差的风险由发包人与承包人共同承担，即发包人承担工程量偏差 ±15% 以外引起的单价风险，承包人承担 ±15% 以内的单价风险。因此，《计价规范》用15%平衡量差风险。此风险为双刃剑，见本书第 6 章例 6-6。

3. 漏项错项问题

错漏项更多地体现为招标人的风险。由于本书主要研究投标报价的负偏离，故漏项错项不识别为投标报价风险。

3.3.3 措施项目清单风险识别

（1）工程量清单总说明与措施费列项不对应风险　施工用水、用电属于临时设施，但临时设施涉及用水、用电的规定在《计量规范》中是这样表述的：

施工现场临时设施的搭设、维修、拆除，如临时供水管道、临时供水管线、小型临时设施等。

常见的施工用水、用电工程量清单总说明实例如图 3-30 所示。管网接入的费用也包含在措施费里，与《计量规范》的规定存在差别。但是措施费里一般不会增列水、电接入措施费，此时就产生了"工程量清单总说明与措施费列项不对应风险"。

> （1）施工用电、用水，投标人自行踏勘现场，按招标人提供的位置，自行接入，自行勘察现场确定距离，该项措施费应包含接驳点之后的所有施工费用（即用电、配电及施工用水所需材料、设备、设施等所有费用）；若中标人自行打井取水，一切手续、费用及责任均由中标人自行负责。

图 3-30　常见的施工用水、用电工程量清单总说明实例

（2）措施项目漏项风险　由于投标人未充分全面地了解投标项目的施工情况以及对后续施工中不可预测的风险预估不够，或者由于招标文件的编制质量问题，可能导致措施项目漏项风险。此风险为双刃剑，但大多属于难以签证的投标人的风险。因此，需要识别是否可以通过签证弥补；反之，则为风险。

3.3.4　其他项目清单风险识别

（1）暂列金的风险识别　暂列金额是招标人在工程量清单中暂定并包括在合同价款中的一笔款项。投标报价时，暂列金额按招标文件编制。暂列金额应由监理人报发包人批准后全部或部分使用，或者根本不予使用。结算时按实际发生的，通过签证、索赔在工程进度款中支付，因此，暂列金没有投标报价风险。

（2）暂估价约定风险　暂估价是工程量清单中提供的用于支付必然发生但暂时不能确定价格的材料、工程设备的单价以及专业工程的金额。需要注意：专用合同条款已识别出了暂估价约定风险，都可以体现在投标报价风险因素清单（见本书 3.5 节）中，但用于实际工程的风险分析，即具体项目在建立自己的投标报价风险因素清单时需避免重复：

若专用合同条款没有具体约定，则风险体现在其他项目清单风险中。

若专用合同条款有具体约定，则风险体现在专用合同条款中。

（3）计日工单价约定风险　计日工是在施工过程中，承包人完成发包人提出的施工图以外的零星项目或工作，按合同中约定的综合单价计价的一种方式。工程量清单中关于计日工单价会有多种约定，需要判断其有无风险。一种比较常见的约定如下：

当发生零星工作项目用工时，人工单价按照 2015《四川省建设工程工程量清单计价定额》及相关文件公布的零星工作人工单价标准作为结算人工单价（见表 3-23），投标人不进行报价。此时，计日工单价在投标报价时不能自主报价。如果文件公布的计日工单价与实际市场劳动工每日单价偏差较大，则反映

为投标人的计日工单价约定风险。

表3-23所示是四川省建设工程造价管理总站"川建价发〔2019〕6号"发布的成都市等16个市、州2015年《四川省建设工程工程量清单计价定额》人工费调整幅度及计日工人工单价（部分节选）。文件中规定：此次批准的人工费调整幅度和计日工人工单价从2019年7月1日起与2015年《四川省建设工程工程量清单计价定额》配套执行，2019年7月1日以前开工，但未竣工的工程，按结转工程量分段执行。人工费调整的计算基础是定额人工费，调整的人工费不作为计取其他费用的基础（税金除外）。此调差文件一般半年发布一次，作为项目结算人工调差的依据。文件附件为"成都市等16个市、州2015年《四川省建设工程工程量清单计价定额》人工费调整幅度及计日工人工单价"。其附件为表格形式，表格的右半部分为各专业的计日工人工单价。

（4）总承包服务费风险　总承包服务费是总承包人为配合协调发包人进行的专业工程发包，对发包人自行采购的材料、工程设备等进行保管以及施工现场管理、竣工资料汇总整理等服务所需的费用。总承包服务费是有风险的。此处的总承包服务费风险是指发包人的分包及甲供材料和设备的管理风险，不要与之前合同文本中识别出的类似风险混淆。

招标人仅要求对分包的专业工程进行总承包管理和协调时，一般按分包的专业工程估算造价的1.5%计算。招标人要求对分包的专业工程进行总承包管理和协调，并同时要求提供配合服务时，根据招标文件列出的配合服务内容和提出的要求，按分包的专业工程估算造价的3%～5%计算。此处的一般报价费率与实际不符，如拟投标项目的分包专业难度大、配合工作复杂，此处的风险表现为：招标人确定的分包，需要承包人进行现场协调管理费用不足的风险。3.2.3节中的"分包管理费用风险"是指投标人确定的分包对应的风险，不要混淆。

甲供材料和设备的保管由承包人负责，相关费用包含在总承包服务费用中。招标人自行供应材料（甲供）的，一般按招标人供应材料价值的1%计算。若甲供材料和设备很多，相关费用随机增加。但投标报价按常规的1%计算，与实际的管理费用不一定匹配。因此，此处的风险表现为甲供材料和设备报价费不足的风险。3.2.8节中识别的"甲供材料和设备约定风险"是指专用合同中不属于《计价规范》总承包服务费范围内的特殊约定产生的风险。

综上所述，无论是招标人的专业分包还是招标人采购的材料、设备都存在总承包服务费风险。

3.3.5　规费税金清单风险识别

规费是根据国家法律、法规规定，由省级政府或省级有关权力部门规定建筑企业必须缴纳的，应计入建筑安装工程造价的费用。税金是国家税法规定的应计入建筑安装工程造价内的增值税、城市维护建设税、教育费附加和地方教

表3-23　成都市等16个市、州2015年《四川省建设工程工程量清单计价定额》人工费调整幅度及计日工人工单价（部分）

序号	地区		本次调整后人工费调整幅度（%）		本次调整后人工费调整幅度与上次人工费调整幅度差值（%）		计日工人工单价（元/工日）							备注
			房屋建筑装饰、仿古建筑，市政、园林绿化、构筑物、城市轨道交通、房屋建筑修缮与加固、城市地下综合管廊工程	通用安装工程	房屋建筑装饰、仿古建筑，市政、园林绿化、构筑物、城市轨道交通、房屋建筑修缮与加固、城市地下综合管廊工程	通用安装工程	土建、市政、园林绿化、构筑物、城市轨道交通、房屋建筑修缮与加固、城市地下综合管廊工程普工	土建、市政、园林绿化、构筑物、城市轨道交通、房屋建筑修缮与加固、城市地下综合管廊工程混凝土工	土建、市政、园林绿化、构筑物、城市轨道交通、房屋建筑修缮与加固、城市地下综合管廊工程技工	装饰（抹灰工程除外）普工	装饰（抹灰工程除外）技工	装饰（抹灰工程）细木工	通用安装技工、普工	
1	成都市	成都市区（含天府新区、成都直管区、青羊、锦江、金牛、武侯、成华）新区（不含高新东区）及双流区	39.00	46.00	2.00	2.00	95	118	126	108	147	169	137	
		龙泉、新都、郫都、温江区	38.00	45.00	2.00	2.00	94	117	125	107	145	169	136	
		高新东区	38.00	45.00	4.00	4.00	94	117	125	107	145	169	136	
		简阳市	37.00	44.00	4.00	4.00	93	116	124	106	145	168	135	
2	绵阳市	市区	34.79	37.81	2.31	2.88	87	108	115	87	126	137	119	
		安州区	27.89	25.4	1.88	2.13	83	103	110	83	118	127	109	
		江油市	30.51	30.30	2.04	2.35	84	104	112	84	121	129	113	

育附加。计算规费、税金时应根据省级政府和省级有关权力部门的规定进行。其计取标准和办法由国家及省级建设行政主管部门制定，按国家规定的基数和费率进行计取，合并生成建筑安装工程造价，由承包人负责缴纳，不得作为竞争性费用。因此，理论上不存在风险。

实际上，增值税下的税金对不同的投标人而言并不是定值。投标报价中的销项税金是定值，但材料、设备的上游采购进项税由于一般纳税人及小规模纳税人的采购渠道不同而不同。因此，投标人应根据拟投标的项目材料、设备种类、品牌、数量及企业自身的采购源进行"进项税金风险"识别，见本书第 6 章例 6-7。

3.4 图纸的投标报价风险识别

尽管招标工程量清单已对图纸中的分部分项工程的工程量、做法（项目特征）进行了清单罗列。原则上可以不看图纸直接报价。但是，一个合格的投标人是不可能不看图纸直接报价的，原因就在于图纸可能出现设计错误、设计矛盾、设计遗漏等问题。设计问题主要会影响工程量清单中分部分项工程量清单的工程量和项目特征（影响单价措施费）。

在投标报价过程中，发现图纸问题最好的处理办法是在投标答疑截止时间前向招标人提出疑问。若发现问题太晚，或招标人未能明确答复，则需要判断设计变更的可能性，做好投标策略应对及评价风险。

一般而言，质量高问题少的设计图相应的投标风险自然就小，但存在图纸质量风险，见本书第 6 章例 6-8。

3.5 投标报价风险因素清单

经过对招标文件的合同条款（通用、专用条款）、工程量清单、图纸的解读分析，将分析梳理出的风险因素汇总为投标报价风险因素清单，见表 3-24。

表 3-24 投标报价风险因素清单

招 标 文 件	相 关 约 定	风 险 因 素
通用合同条款风险	一般约定条款风险	标准和功能要求对应工程质量的报价匹配风险
		进出施工现场对应报价匹配风险
		场外运输对应的材料、构件、设备采购单价报价风险

（续）

招标文件	相关约定	风险因素
通用合同条款风险	一般约定条款风险	场内交通报价匹配风险
		超大件和超重件的运输所需措施费报价风险
		超常规运输措施费报价风险
	承包人条款风险	现场施工组织措施报价风险
		工程照管与成品、半成品保护措施费风险
		联合体各方之间的协调沟通、组织管理风险
	工程质量条款风险	质量保证措施与投标报价匹配风险
	安全文明施工与环境保护条款风险	安全文明施工措施费报价风险
		生活条件对应的措施费报价风险
		环境保护对应的措施费报价风险
	工期和进度条款风险	施工组织设计与投标报价匹配风险
		施工进度计划与投标报价匹配风险
	材料与设备条款风险	材料与设备采购的单价匹配风险
		材料与设备保管的单价匹配风险
		样品的保管措施费用风险
	变更条款风险	工程变更的综合单价风险
		计日工的市场波动单价风险
	价格调整条款风险	市场价格波动产生的工程量清单综合单价风险
	验收和工程试车条款风险	竣工退场措施的投标报价匹配风险
		地表还原措施的投标报价匹配风险
专用合同条款风险	一般约定条款风险	标准和功能特殊要求对应工程质量的报价匹配风险
		进出施工现场对应报价匹配风险
		场外运输对应的材料、构件、设备采购单价报价风险
		场内交通报价匹配风险
		超大件和超重件的运输所需措施费用不足的报价风险
		超常规运输措施费报价风险
	承包人条款风险	验收、检测、勘察复线费用报价风险
		分包管理费用风险
		招标人额外增加的承包人专用合同条款约定风险

（续）

招标文件	相关约定	风险因素
专用合同条款风险	工程质量条款风险	特殊要求的工程质量综合单价风险
	安全文明施工与环境保护条款风险	特别约定的安全文明施工措施费报价风险
	工期和进度条款风险	异常气候约定的报价风险
	材料与设备条款风险	甲供材料和设备约定风险
		招标人额外增加的材料与设备专用合同条款约定风险
	变更条款风险	工程变更浮动率综合单价风险
		暂估价约定风险
	价格调整条款风险	材料单价调整风险
	验收和工程试车条款风险	试车费用风险
工程量清单风险	工程量清单总说明风险	发包范围模糊或矛盾的风险
		其他需要说明的问题风险
		招标人补充的其他说明风险
	分部分项工程量清单风险	清单项目特征描述风险
		工程量偏差风险
	措施项目清单风险	工程量清单总说明与措施费列项不对应风险
		措施项目漏项风险
	其他项目清单风险	暂估价约定风险
		计日工单价约定风险
		总承包服务费风险
	规费税金清单风险	进项税金风险
图纸风险	图纸风险	图纸质量风险

3.6　本章小结

本章运用文件查阅法和清单列表法，以投标人的视角，基于合同文件（投标时，为招标文件拟签订合同条款）的理性客观分析，排除人为主观风险因素（造价人员专业能力、失职、围标、串标、企业资质等）对投标报价的非常规影响，依据通用合同条款、专用合同条款、工程量清单和图纸进行风险识别分析，并据此设计了工程量清单计价模式下的投标报价风险因素清单。

第4章 工程量清单计价模式下 投标报价风险评价

投标报价是投标人在整个经济活动中的核心环节。面对激烈的市场竞争，投标报价的合理与否是企业能否承揽项目、能否盈利、能否可持续发展的关键环节。上一章分析梳理了投标报价风险因素清单，为本章进行工程量清单计价模式下的投标报价风险评价做好了准备，进行科学、合理、严谨、量化的风险评价是接下来的关键工作。为提高风险评价的可操作性，应用层次分析法（The Analytic Hierarchy Process，AHP）量化工程量清单投标报价风险。

4.1 风险评价指标体系的构建

评价指标体系的构建首先要把评价对象的评价指标条理化和层次化，按照不同的属性将有关的因素从上至下分解成多个层次：下层因素从属于一层因素，对上层因素有影响作用；同时可以支配它的下层因素或者受它的下层因素的影响。通常情况下，评价指标体系包含三个层次：目标层、准则层和指标层，如图 4-1 所示。

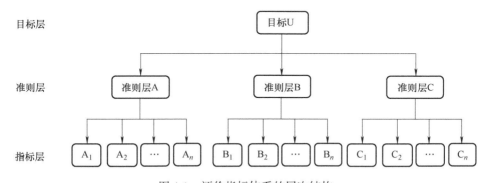

图 4-1 评价指标体系的层次结构

本书从投标人角度出发，结合第 3 章的投标报价风险因素清单表 3-24，一一对应建立工程量清单计价模式下的投标报价风险评价指标体系。

首先是建立目标层，目标层表示解决问题的目的，是评价体系要达到的总目标：正确评价工程量清单计价模式下的投标报价风险 U。

接下来建立准则层，准则层表示采取有效评价措施或者方案等可实现最初总目标所涉及的中间环节，投标报价风险评价的准则层根据需要分析的招标文件进行划分，包括通用合同条款 A、专用合同条款 B、工程量清单 C 和图纸 D 四个维度的准则层。

最后是指标层，对应表 3-24 中的"相关约定"，即投标报价风险评价指标共 24 个，分别是准则层通用合同条款 A 下属指标层 A_1、A_2、A_3、A_4、A_5、A_6、A_7、A_8、A_9，准则层专用合同条款 B 下属指标层 B_1、B_2、B_3、B_4、B_5、B_6、B_7、B_8、B_9，准则层工程量清单 C 下属指标层 C_1、C_2、C_3、C_4、C_5，准则层图纸 D 下属指标层 D_1。

构建的指标体系见表 4-1。

表 4-1　工程量清单计价模式下的投标报价风险评价指标体系

目标层	准　则　层	指　标　层
工程量清单计价模式下的投标报价风险评价 U	通用合同条款风险 A	一般约定条款风险 A_1
		承包人条款风险 A_2
		工程质量条款风险 A_3
		安全文明施工与环境保护条款风险 A_4
		工期和进度条款风险 A_5
		材料与设备条款风险 A_6
		变更条款风险 A_7
		价格调整条款风险 A_8
		验收和工程试车条款风险 A_9
	专用合同条款风险 B	一般约定条款风险 B_1
		承包人条款风险 B_2
		工程质量条款风险 B_3
		安全文明施工与环境保护条款风险 B_4
		工期和进度条款风险 B_5
		材料与设备条款风险 B_6
		变更条款风险 B_7
		价格调整条款风险 B_8
		验收和工程试车条款风险 B_9
	工程量清单风险 C	工程量清单总说明风险 C_1
		分部分项工程量清单风险 C_2
		措施项目清单风险 C_3
		其他项目清单风险 C_4
		规费税金清单风险 C_5
	图纸风险 D	图纸风险 D_1

4.2　基于 AHP 的工程量清单投标报价风险评价

通过投标报价风险评价指标排序可以进行投标报价风险评价。投标报价风险评价指标排序可以通过确定评价指标权重来实现。确定指标权重的方法比较多，主要有 AHP、熵权法、德尔菲法和主成分分析法等。

AHP 是由美国著名的运筹学家、匹兹堡大学教授托马斯·L. 萨迪于 20 世纪 70 代中期提出来的，该方法是一种定性与定量相结合的多目标决策方法。AHP 充分结合了人类思维的定性和定量的因素：即定义问题和构造层次的定性、精确地表达判断和偏好程度的定量。AHP 的本质是把复杂的问题分解为各个具体因素，将这些因素按支配关系分组形成有序的递阶层次结构；为更好地决策，通过定量分析为复杂环境的正确决策提供分析基础，并且能有效地综合测度子目标定量判断的一致性。

工程项目投标报价风险评价实际就是一个多目标的评价系统，总目标很难具体量化，往往需要借助可量化的多个子目标，甚至借助子目标下的子目标。因此，运用层次分析法，有利于更好地实现对风险的评价。

AHP 设置权重和做出权衡的过程是十分关键的。为了计算权重，需要对测量的标度有深刻的认识。可以通过两两比较的方式来确定层次中各要素的相对重要性标度，如此综合专家的判断来决定各因素的相对重要性。

从 AHP 的基本原理可以看出其层级关系正好与工程量清单计价模式下的投标报价风险评价指标体系的层级性相对应，并且 AHP 也能够实现定性分析与定量计算的结合，因此，本书应用 AHP 确定工程量清单计价模式下的投标报价风险指标排序。

4.2.1　AHP 的计算步骤

首先将所要进行的决策问题置于一个大系统中，这个系统中存在互相影响的多种因素，将这些问题层次化，形成一个多层的分析结构模型。之后通过层层排序，最终计算最底层各指标权重，实现风险排序，为风险评价提供辅助决策。

应用 AHP 的具体步骤如下：

（1）构造层次分析模型　在以上对投标报价风险分析的基础上（表 4-1），分析各因素的相互关系，确定最高层、中间层和最底层各因素。现构建工程量清单计价模式下投标报价风险评价的层次结构模型，最高层为目标层，是进行层次分析的总目标；第二层为准则层；第三层为指标层，为工程量清单下的投标报价风险指标，如图 4-2 所示。

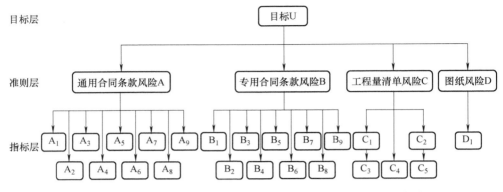

图 4-2　工程量清单计价模式下的投标报价风险评价 AHP 层次结构模型

（2）构建判断矩阵　构建了层次结构后，决策就转化为层次元素排序的问题。AHP 采用重要性权值作为元素排序的评判指标。重要性权值是一种相对度量数，其数值介于 0 和 1 之间。数值越大，表示元素越重要。最低层元素关于最高层总目标的重要性权值，是通过递阶层次从上到下逐层计算得到的：先进行层次单排序，再进行层次总排序。这个过程称为递阶层次权重解析过程。

递阶层次权重解析的基础是测算每一层次各元素关于上一层次某元素的重要性权值。这种测算是通过构造判断矩阵实现的，也就是以相邻上一层某元素为准则，该层次元素两两比较判断，按照特定的评分标准将比较结果数量化，形成判断矩阵，见表 4-2。其中，a_{ij} 表示元素 i 相对于元素 j 的重要性评分数值。评分标准见表 4-3。

在构造判断矩阵的基础上，计算判断矩阵的最大特征值和对应的特征向量，以特征向量各分量表示该层次元素的重要性权重，这种排序称为单排序。对递阶层次结构中的每一层都进行单排序，然后进行组合加权，得到该层次元素相对于相邻上一层次整体的组合重要性权值。这种排序称为层次总排序。排序计算沿着递阶层次结构从上到下逐层进行。最后，计算出最低层各元素关于整个目标体系的重要性权值，完成递阶层次权重解析过程。层次分析法也因此得名。

表 4-2　两两判断矩阵

风险 i	风险 j			
	A_1	A_2	$\cdots$	A_n
A_1	a_{11}	a_{12}	$\cdots$	a_{1n}
A_2	a_{21}	a_{22}	$\cdots$	a_{2n}
$\vdots$	$\vdots$	$\vdots$	$\vdots$	$\vdots$
A_n	a_{n1}	a_{n2}	$\cdots$	a_{nn}

表 4-3　风险两两比较评分标准

分　值	定　义
1	风险 i 与风险 j 同样重要
3	风险 i 比风险 j 略重要
5	风险 i 比风险 j 稍重要
7	风险 i 比风险 j 重要得多
9	风险 i 比风险 j 重要得很多
2，4，6，8	风险 i 与风险 j 的比较结果处于以上结果的中间
倒数	风险 j 与风险 i 的比较结果是风险 i 与风险 j 重要性比较结果的倒数

上述分析表明：层次单排序可以归结为计算判断矩阵的特征值和特征向量的问题。运用计算机可以计算任意精度的最大特征值及其对应的特征向量。但在实际工程中，并不要求过高的精度，方根法就是一种常用并有效的近似算法，具体步骤如下：

1）求判断矩阵每行所有元素的几何平均值 $\overline{w}_i$。$\overline{w}_i = \sqrt[n]{\prod_{j=1}^{n} a_{ij}}$（$i = 1, 2, \cdots, n$），$n$ 为判断矩阵阶数。

2）将 $\overline{w}_i$ 归一化，计算本层次隶属于上一层次某元素的第 i 个元素重要性的权值 w_i，$w_i = \dfrac{\overline{w}_i}{\sum\limits_{i=1}^{n} \overline{w}_i}$。

3）计算判断矩阵的最大特征值 $\lambda_{\max}$。$\lambda_{\max} = \sum\limits_{i=1}^{n} \dfrac{(AW)_i}{nw_i}$，$A$ 为判断矩阵；$W = (w_1, w_2, \cdots, w_n)^{\mathrm{T}}$；$(AW)_i$ 为向量 AW 的第 i 个元素。

（3）一致性检验　为了检验判断矩阵的正确性，以防指标之间重要性判断出现逻辑性错误，最大特征值 $\lambda_{\max}$ 的一致性指标可表示为 $\mathrm{CI} = (\lambda_{\max} - n)/(n - 1)$，进而计算一致性比率 $\mathrm{CR} = \mathrm{CI}/\mathrm{RI}$（RI 表示平均随机一致性指标），如果 CR 计算值小于 0.1，即认为一致性检验符合要求，无须调整判断矩阵，将上述权向量作为各项指标的权重值，随机一致性指标详细数据见表 4-4。

表 4-4　平均随机一致性指标

阶数	1	2	3	4	5	6	7	8
RI	0	0	0.52	0.89	1.12	1.26	1.36	1.41
阶数	9	10	11	12	13	14	15	
RI	1.46	1.49	1.52	1.54	1.56	1.58	1.59	

（4）层次总排序检验　AHP总排序是为了获得层次结构中某一层元素对于总体目标组合权重和它们与上层元素的相互影响，需要利用该层所有层次单排序的结果，计算出该层元素的组合权重，此过程称为层次总排序。

层次总排序这一步，需要从上到下逐层排序进行，最终计算得到最底层元素，即要决策方案优先次序的相对权重。

层次总排序是在AHP中层次单排序的基础上给出的。层次总排序的过程与层次单排序的过程大致相同。

其中分别为B层中的B_1，B_2，…，B_n对上层A中的元素A_i（$i=1,2,…,m$）的层次单排序一致性指标和随机一致性指标。

若总排序一致性CR小于0.1，则表示通过总排序一致性检验，否则需要重新考虑模型或重新构造那些一致性比率CR较大的判断矩阵。

4.2.2　工程量清单计价模式下的投标报价风险排序

采用问卷调查法选择高校及科研单位、业主单位、工程造价咨询企业、施工单位和招投标代理机构的富有经验的专家作为调查对象，调查问卷见附录，然后利用AHP辅助软件**yaahp**对调查问卷中数据进行计算和分析。共收集调查问卷12份，筛除填写有误及明显不符合科学性的问卷1份。经软件计算后筛除一致性不符合要求的问卷1份，最后以10名专家打分作为评价结果。

采用**yaahp**进行指标权重计算以辅助决策。首先快速构建层次结构模型，然后导入专家打分数据的excel表，对判断矩阵进行一致性检验（包括对判断矩阵进行一致性修正和补全）。

准则层A、B、C、D的打分权重矩阵（判断矩阵）如图4-3所示。

专家组：风险评价U。　最大特征值λmax=4.62482　一致性CR=0.23402　CI=0.208273

	A	B	C	D
A	1	1/9	1/7	9
B	9	1	2	9
C	7	1/2	1	9
D	1/9	1/9	1/9	1

图4-3　准则层A、B、C、D打分权重矩阵

通用合同条款风险A指标层指标打分权重矩阵（判断矩阵）如图4-4所示。

专用合同条款风险B指标层指标打分权重矩阵（判断矩阵）如图4-5所示。

专家组：风险评价U--A。 最大特征值λmax=9.58761 一致性CR=0.05031 CI=0.0734515

	A1	A2	A3	A4	A5	A6	A7	A8	A9
A1	1	1/1	1/2	1/3	1/3	1/5	1/7	1/9	1/1
A2	1	1	1/2	1/3	1/3	1/5	1/7	1/9	1/1
A3	2	2	1	1/2	1/2	1/3	1/4	1/5	1/1
A4	3	3	2	1	1/1	1/2	1/2	1/3	1/1
A5	3	3	2	1	1	1/2	1/2	1/3	1/1
A6	5	5	3	2	2	1	1/1	1/2	1/1
A7	7	7	4	2	2	2	1	1/2	1/1
A8	9	9	5	3	3	2	2	1	1/1
A9	1	1	1	1	1	1	1	1	1

图 4-4　通用合同条款风险 A 指标层指标打分权重矩阵

专家组：风险评价U--B。 最大特征值λmax=11.2946 一致性CR=0.19645 CI=0.286622

	B1	B2	B3	B4	B5	B6	B7	B8	B9
B1	1	3	1/6	1/5	1	1/3	1	1/8	1/1
B2	1/3	1	1/4	1/6	1/3	1/4	6	1/4	2
B3	6	4	1	1/1	7	1/2	7	1/5	4
B4	5	6	1	1	4	1/5	6	1/1	4
B5	1/1	3	1/7	1/4	1	1/2	7	1/5	4
B6	3	4	2	5	2	1	8	1/1	8
B7	1/1	1/6	1/7	1/6	1/7	1/8	1	1/9	1/1
B8	8	4	5	1	5	1/1	9	1	1/1
B9	1/2	1/4	1/4	1/4	1/8	1/8	1/9	1/1	1

图 4-5　专用合同条款风险 B 指标层指标打分权重矩阵

工程量清单风险 C 指标层指标打分权重矩阵（判断矩阵）如图 4-6 所示。

专家组：风险评价U--C。 最大特征值λmax=5.75831 一致性CR=0.16927 CI=0.189576

	C1	C2	C3	C4	C5
C1	1	2	3	4	1/1
C2	1/2	1	1/2	1/3	1
C3	1/3	1	1	1	1/4
C4	1/4	3	1/1	1	1/5
C5	1	1/1	4	5	1

图 4-6　工程量清单风险 C 指标层指标打分权重矩阵

图纸风险 D 指标层指标打分权重矩阵（判断矩阵）如图 4-7 所示。

专家组：风险评价U-->D。 最大特征值λmax=1 一致性CR=0 CI=0

	D1
D1	1

图 4-7　图纸风险 D 指标层指标打分权重矩阵

由于 AHP 的专家打分存在主观性，打分矩阵（判断矩阵）会出现标准（口径）不一致或漏填的情况。**yaahp** 可以对上述原始专家打分矩阵（判断矩阵）进行修正计算，直至得出最终修正结果，最终各风险因素两两比较得到的判断矩阵及单层次排序值 w_i 见表 4-5 ~ 表 4-9。

表 4-5　准则层-目标层对 U 的判断矩阵及权重向量

U	A	B	C	D	权重 w
A	1	0.2473	0.2984	8.9696	0.1577
B	4.0441	1	1.8689	9.1318	0.4786
C	3.3509	0.5351	1	8.8459	0.3308
D	0.1115	0.1095	0.1130	1	0.0330

一致性检验：$\lambda_{max} = 4.2539$，$CI = 0.0846$，$CR = 0.0951 < 0.1$

表 4-6　A_1 ~ A_9 对 A 的判断矩阵及权重向量

A	A_1	A_2	A_3	A_4	A_5	A_6	A_7	A_8	A_9	权重 w_1
A_1	1	1	1/2	1/3	1/3	1/5	1/7	1/9	1	0.0365
A_2	1	1	1/2	1/3	1/3	1/5	1/7	1/9	1	0.0365
A_3	2	2	1	1/2	1/2	1/3	1/4	1/5	1	0.0567
A_4	3	3	2	1	1	1/2	1/2	1/3	1	0.0904
A_5	3	3	2	1	1	1/2	1/2	1/3	1	0.0904
A_6	5	5	3	2	2	1	1	1/2	1	0.1518
A_7	7	7	4	2	2	1	1	1/2	1	0.1730
A_8	9	9	5	3	3	2	2	1	1	0.2604
A_9	1	1	1	1	1	1	1	1	1	0.1043

一致性检验：$\lambda_{max} = 9.5876$，$CI = 0.0735$，$CR = 0.0503 < 0.1$

表 4-7　B_1 ~ B_9 对 B 的判断矩阵及权重向量

B	B_1	B_2	B_3	B_4	B_5	B_6	B_7	B_8	B_9	权重 w_2
B_1	1	3.1235	0.4571	0.3733	1.0287	0.6403	2.1374	0.3584	2.0563	0.0806
B_2	0.3201	1	0.4360	0.3485	0.9232	0.3092	5.4134	0.3666	2.7698	0.0675
B_3	2.1878	2.2937	1	1.1739	7.1168	1.4264	6.9750	0.7592	4.1879	0.1967
B_4	2.6789	2.8691	0.8518	1	3.4368	0.6843	5.6341	0.6867	4.4191	0.1530
B_5	0.9721	1.0832	0.1405	0.2910	1	0.4986	7.1206	0.3612	4.1470	0.0793
B_6	1.5618	3.2342	0.7011	1.4614	2.0056	1	7.8007	0.7553	7.1031	0.1595
B_7	0.4679	0.1847	0.1434	0.1775	0.1404	0.1282	1	0.1050	7.1563	0.0355
B_8	2.7900	2.7276	1.3172	1.4562	2.7682	1.3239	9.5265	1	9.3195	0.2047
B_9	0.4863	0.3610	0.2388	0.2263	0.2411	0.1408	0.1397	0.1073	1	0.0233

一致性检验：$\lambda_{max} = 10.1668$，$CI = 0.1459$，$CR = 0.0999 < 0.1$

表 4-8　$C_1 \sim C_5$ 对 C 的判断矩阵及权重向量

C	C_1	C_2	C_3	C_4	C_5	权重 w_3
C_1	1	1.909	3.0944	3.9694	0.9773	0.3287
C_2	0.5238	1	0.4156	0.4620	0.8679	0.1199
C_3	0.3232	2.4059	1	1.1156	0.3135	0.1414
C_4	0.2519	2.1647	0.8963	1	0.4243	0.1320
C_5	1.0232	1.1522	3.1894	2.3568	1	0.2780

一致性检验：$\lambda_{max} = 5.448$，$CI = 0.112$，$CR = 0.1 < 0.1$

表 4-9　D_1 对 D 的判断矩阵及权重向量

D	D_1	权重 w_4
D_1	1	1

一致性检验：$\lambda_{max} = 1$，$CI = 0$，$CR = 0 < 0.1$

在计算单层次排序值 w_i 后，**yaahp** 对投标报价风险指标进行权重总排序。权重总排序的柱状分析图如图 4-8 所示。

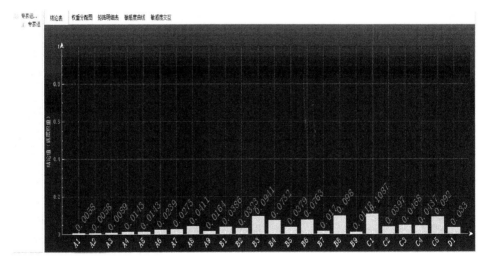

图 4-8　权重总排序的柱状分析图

层次总排序是基于 AHP 中单层次排序的基础上给出的，层次总排序的过程与单层次排序的过程大致相同。**yaahp** 计算得出准则层与指标层的同级权重和全局权重［同级权重表示同一父节点下的对比权重（亲兄弟权重），各同级权重相加为 1；全局权重表示同级所有节点的对比权重（表兄弟权重），所有全局权重相加为 1］，以及总排序一致性检验结果，见表 4-10 ~ 表 4-12。

表 4-10 准则层权重

准 则 层	全 局 权 重	同 级 权 重
A	0. 1577	0. 1577
B	0. 4786	0. 4786
C	0. 3308	0. 3308
D	0. 0330	0. 0330

表 4-11 指标层权重

指 标 层	上 级	同 级 权 重	全 局 权 重（结论值）
A_1		0. 0365	0. 0058
A_2		0. 0365	0. 0058
A_3		0. 0567	0. 0089
A_4		0. 0904	0. 0143
A_5	A	0. 0904	0. 0143
A_6		0. 1518	0. 0239
A_7		0. 1730	0. 0273
A_8		0. 2604	0. 0411
A_9		0. 1043	0. 0164
B_1		0. 0806	0. 0386
B_2		0. 0675	0. 0323
B_3		0. 1967	0. 0941
B_4		0. 1530	0. 0732
B_5	B	0. 0793	0. 0379
B_6		0. 1595	0. 0763
B_7		0. 0355	0. 0170
B_8		0. 2047	0. 0980
B_9		0. 0233	0. 0112
C_1		0. 3287	0. 1087
C_2		0. 1199	0. 0397
C_3	C	0. 1414	0. 0468
C_4		0. 1320	0. 0437
C_5		0. 2780	0. 0920
D_1	D	1	0. 0330

表 4-12 总排序的一致性

父 级	一致性 CR
风险评价 U	0. 0911

总排序一致性检验：CR = 0. 0911 < 0. 1

根据 AHP 的计算结果，总排序一致性检验结果为 CR < 0.1，表示通过了总排序一致性检验，可认为层次分析总排序结果的一致性是令人满意的，据此可得出指标权重分配是合理的。

根据准则层权重结果进行准则层排序，见表 4-13。

表 4-13　准则层排序

准　则　层	全　局　权　重	排　　序
通用合同条款风险 A	0.1577	3
专用合同条款风险 B	0.4786	1
工程量清单风险 C	0.3308	2
图纸风险 D	0.0330	4

根据各投标报价风险指标全局权重结果进行指标排序，见表 4-14。

表 4-14　投标报价风险指标排序

目标层	准则层	指标层	权重	排序
工程量清单计价模式下的投标报价风险评价 U	通用合同条款风险 A	一般约定条款风险 A_1	0.0058	23
		承包人条款风险 A_2	0.0058	23
		工程质量条款风险 A_3	0.0089	22
		安全文明施工与环境保护条款风险 A_4	0.0143	19
		工期和进度条款风险 A_5	0.0143	20
		材料与设备条款风险 A_6	0.0239	16
		变更条款风险 A_7	0.0273	15
		价格调整条款风险 A_8	0.0411	9
		验收和工程试车条款风险 A_9	0.0164	18
	专用合同条款风险 B	一般约定条款风险 B_1	0.0386	11
		承包人条款风险 B_2	0.0323	14
		工程质量条款风险 B_3	0.0941	3
		安全文明施工与环境保护条款风险 B_4	0.0732	6
		工期和进度条款风险 B_5	0.0379	12
		材料与设备条款风险 B_6	0.0763	5
		变更条款风险 B_7	0.0170	17
		价格调整条款风险 B_8	0.0980	2
		验收和工程试车条款风险 B_9	0.0112	21
	工程量清单风险 C	工程量清单总说明风险 C_1	0.1087	1
		分部分项工程量清单风险 C_2	0.0397	10
		措施项目清单风险 C_3	0.0468	7
		其他项目清单风险 C_4	0.0437	8
		规费税金清单风险 C_5	0.0920	4
	图纸风险 D	图纸风险 D_1	0.0330	13

4.2.3 投标报价风险指标重要性排序结果分析

根据准则层排序表（表4-13），专用合同条款的风险全局权重最高，其投标报价风险排在第一位，因此，投标人在投标报价时应着重分析招标文件中的专用合同条款，避免招标人将工程风险转移给投标人；工程量清单的风险全局权重排在第二位，因此，工程量清单的风险识别也很重要；相对而言，通用合同条款和图纸的投标报价风险分析重要性较小。

针对投标报价风险指标排序表4-14，运用 ABC 分类法（Activity Based Classification，ABC），又称帕累托分析法，对风险指标进行分类分析，如图4-9 所示。风险累计权重为 0 ~ 75%，为最重要的 A 类风险；累计权重为 75% ~ 95% 的，为次重要的 B 类风险；累计权重为 95% ~ 100% 的，为不重要的 C 类风险。

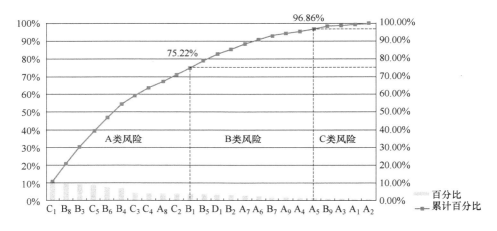

图 4-9 投标报价风险指标 ABC 分析

通过图4-9 可以看出：

A 类风险包括：通用合同条款中的价格调整条款风险 A_8，专用合同条款中的工程质量条款风险 B_3、安全文明施工与环境保护条款风险 B_4、材料与设备条款风险 B_6 和价格调整条款风险 B_8，工程量清单中的工程量清单总说明风险 C_1、分部分项工程量清单风险 C_2、措施项目清单风险 C_3、其他项目清单风险 C_4、规费税金清单风险 C_5 和专用合同条款中的一般约定条款风险 B_1。这 11 项风险指标综合权重累计为 75.22%，在投标报价时应该列为关键风险指标因素。

B 类风险包括：专用合同条款中的工期和进度条款风险 B_5、图纸风险 D_1、专用合同条款中的承包人条款风险 B_2、通用合同条款中的变更条款风险 A_7 和材料与设备条款风险 A_6、专用合同条款中的变更条款风险 B_7、通用合同条款中的验收和工程试车条款风险 A_9、安全文明施工与环境保护条款风险 A_4 及工期和进

度条款风险 A_5。这 9 项风险指标综合权重在 0.0143 和 0.0379 之间，这些风险不是最主要的风险，但对投标报价仍具有一定的影响。

C 类风险包括：专用合同条款中的验收和工程试车条款风险 B_9，通用合同条款中的工程质量条款风险 A_3、一般约定条款风险 A_1 和承包人条款风险 A_2。这 4 项风险指标综合权重较小，投标人在投标报价时可以依据时间的紧迫性及工程的复杂性，适当关注。

4.3 本章小结

本章主要内容是工程量清单计价模式下的投标报价风险评价。

首先，建立工程量清单计价模式下的投标报价风险评价指标体系；其次，基于指标权重确定方法——AHP，借助 **yaahp** 进行风险指标权重的确定；最后，依据投标报价风险指标的权重进行指标的重要性排序，并对排序结果进行分析。

第5章 工程量清单计价模式下投标报价风险应对及流程优化

5.1 投标报价风险应对措施

经过第 4 章的投标报价风险排序研究，准则层对投标报价的影响程度由大到小分别是专用合同条款（$w = 0.4786$）、工程量清单（$w = 0.3308$）、通用合同条款（$w = 0.1577$）和图纸（$w = 0.0330$）。可知专用合同条款因素对投标报价的影响最大，工程量清单因素影响程度次之，通用合同条款因素对投标报价的影响程度排在第三位，图纸因素对投标报价的影响程度排在末位。

5.1.1 专用合同条款风险应对（$w = 0.4786$）

专用合同条款风险因素较多，且其影响投标报价决策的重要性程度最高，下面针对第 4 章分析出的 A 类风险进行风险应对分析。

1. 一般约定条款风险 B_1 的应对措施

此条款风险识别出的风险因素很多，包括标准和功能特殊要求对应工程质量的报价匹配风险，进出施工现场对应报价匹配风险，场外运输对应的材料、构件、设备采购单价报价风险，场内交通报价匹配风险，超大件和超重件的运输所需措施费用不足的报价风险，超常规运输措施费报价风险。

应对措施为：

1）标准和功能特殊要求对应工程质量的报价匹配风险：凡是与标准和功能特殊要求相关的工程量清单的投标报价需要通过整体提升综合单价进行风险应对，即整体调整综合单价的综合费率如图 5-1 和图 5-2 所示。

图 5-1　综合单价构成的软件操作界面

由图 5-2 可以清晰地看出综合单价的构成：人工单价、材料单价、机械单价和综合费。与综合单价的概念相吻合，综合费是由企业管理费、利润和风险构成的。应对措施是通过调整综合费率，即调整综合费（可以理解为调整综合费里的风险费），从而调整综合单价，风险预留。而综合费率的调整如图 5-2 所示。

图 5-2　综合费率的调整

2）场内交通报价匹配风险考虑在"二次搬运"措施费报价中应对该风险。

3）进出施工现场对应报价匹配风险，超大件和超重件的运输所需措施费用不足的报价风险，超常规运输措施费报价风险，场外运输对应的材料、构件、设备采购单价报价风险，均可通过提高材料、构件、设备单价中的运杂费、场外运输损耗率应对风险。材料、构件、设备的单价可以通过下式确定：

$$材料、构件、设备的单价 = （原价 + 运杂费）×（1 + 场外运输损耗率）×$$
$$（1 + 采购及保管费率） \qquad (5-1)$$

式中，原价是指材料、构件、设备的出厂价。

运杂费是指材料自供应地点至工地仓库（施工地点存放材料的地方）的运杂费用，包括装卸费、运费，如果发生，还应计囤存费及其他杂费（如过磅、标签、支撑加固、路桥通行等费用）。

场外运输损耗费率是指材料在正常的运输过程中发生的损耗率。

采购及保管费率是指在组织采购、保管材料过程中，所需的各项费用及工地仓库的材料储存损耗率。

从式（5-1）中可以看出，影响材料、构件、设备单价的因素有四个：原价、运杂费、场外运输损耗率和采购及保管率。通过提高材料、构件、设备单价中的运杂费、场外运输损耗率应对风险，也就是通过将材料、构件、设备的单价打足应对风险。

2. 工程质量条款风险 B_3 的应对措施

此条款风险主要识别的风险因素为：特殊要求的工程质量综合单价风险。

如果投标报价是参考的计价定额，而计价定额的综合单价并不针对特殊高标准、特殊质量标准和要求，则容易出现报价不足风险。

应对措施为：剔选出受其影响的清单项，提高其综合单价。若对整体或绝大多数的清单项的综合单价均有影响，则统一调整综合单价的综合费率。调整方法如图 5-1 和图 5-2 所示。

3. 安全文明施工与环境保护条款风险 B_4 的应对措施

此专用合同条款的投标报价风险主要识别的风险因素为：特别约定的安全文明施工措施费报价风险。

安全文明施工、环境保护、安全施工、临时设施均属于安全文明施工措施。生活条件对应的措施费报价风险和环境保护对应的措施费报价风险是常见的措施费风险。

安全文明施工措施费属于不可竞争费。应对措施为：投标人只能通过提高其他类似的单价措施项目费用，甚至通过提高某些分部分项工程量清单中的综合单价来消化吸收该不可竞争总价措施费风险。如果招标允许，投标人可以通过增列措施项来消除该风险。

4. 材料与设备条款风险 B_6 的应对措施

此专用合同条款风险识别的风险因素为：甲供材料和设备约定风险及招标人额外增加的材料与设备专用合同条款约定风险。

总承包服务费是总承包人为配合、协调建设单位进行的专业工程发包，对建设单位自行采购的材料、工程设备等进行保管以及施工现场管理、竣工资料汇总整理等服务所需的费用。因此，甲供材料和设备的保管及招标人额外增加的材料与设备专用合同条款约定产生的费用包含在总承包服务费的报价中。

一般情况，按招标人供应材料、设备价值的1%计算承包人对甲供材料和设备等进行的保管费。若甲供材料多，且有"招标人额外增加的材料与设备"专用合同条款约定，应对措施为：直接调高总承包服务费费率。因为，总承包服务费属于可竞争措施费。

5. 价格调整条款风险 B_8 的应对措施

此专用合同条款风险识别的风险因素为：材料单价调整风险。

在专用合同中，首先招标人会选择价格调整方式；其次会约定可以调差的范围；最后还会约定调差风险幅度。

应对措施为：

1）预判涨跌。目前全国大部分省市仍在采用造价信息进行价格调整，但采用价格指数进行价格调整是大势所趋，与国际接轨。因此，尽早建立材料数据库，运用大数据预测材料的涨跌趋势是最终的应对措施。

2）熟悉调差公式。在调差范围内的材料，查取信息价或确定合理市场价（此为基准价）；确定投标单价；再根据经验对市场进行涨跌预判，通过公式

"试算"调差额。

3）风险心态调整。材料单价调整风险是市场风险的反映，即使再有经验的承包商也不能保证每次都能准确预测。材料的采买时间点的把握只能尽力，尽量科学，遵循一定的数学模型计算方法。但若风险还是发生，实际上承包商承担的主要是调差风险幅度内的风险。超出调差风险幅度的风险实际是由招标人承担。

5.1.2　工程量清单风险应对（$w = 0.3308$）

下面针对第 4 章分析出的 A 类风险进行风险应对分析。

1. 工程量清单总说明风险 C_1 的应对措施

工程量清单总说明风险识别的风险因素为：发包范围模糊或矛盾的风险、其他需要说明的问题风险和招标人补充的其他说明风险。

应对措施为：

1）对发包范围高度重视，争取在投标答疑之前提问确认。

2）其他需要说明的问题风险和招标人补充的其他说明风险大多是措施费、钢筋连接等工程量不容易计算准确，故清单采用说明的形式而不是列项的形式让投标人"包干"，此类风险应该在对应的分部分项或措施费中考虑。

2. 分部分项工程量清单风险 C_2 的应对措施

分部分项工程量清单风险识别的风险因素为：项目特征的描述风险、工程量偏差风险。

应对措施为：

1）一定根据项目特征进行清单组价。即使判断出项目特征的遗漏也不要擅自多余组价。因为，项目特征的遗漏是可以在施工过程中通过签证得到弥补的；项目特征有多的描述，则为了保证中标率，一般不要多余组价；项目特征描述错误的应对同描述遗漏一样。

2）对于清单工程量偏小的分部分项，综合单价可适当偏大；清单工程量偏大的分部分项，综合单价可适当偏小。但上述应对的单价不能超出平衡报价范围。

3. 措施项目清单风险 C_3 的应对措施

措施项目清单风险识别的风险因素为：工程量清单总说明与措施费列项不对应风险和措施项目漏项风险。

应对措施为：

1）投标人只能通过提高类似的单价措施项目费用，甚至通过提高某些分部分项工程量清单中的综合单价来消化吸收工程量清单总说明与措施费列项不对应风险。如果招标允许，投标人可以通过增列措施项来消除该风险。

2）若招标文件允许投标人补充措施费并自主报价，则相应增补遗漏的措施项目；若招标文件不允许投标人补充措施费，而是"包干"，则只能通过提高相关的措施项目费用来消化措施项目漏项风险。

4. 其他项目清单风险 C_4 的应对措施

其他项目清单风险识别的风险因素有：暂估价约定风险、计日工单价约定风险、总承包服务费风险。

应对措施为：

1）暂估价约定风险主要体现为暂估的材料和设备在施工过程中采买、确定价格过程中的费用。但由于清单中没有相应的清单项与之对应，故很难识别并对应。如果暂估价很多，可通过提高总承包服务费来消化此风险，尽管实际并不属于总承包服务费的内容。

2）当计日工单价按照相关文件公布的零星工作人工单价标准作为结算人工单价，文件里的计日工和市场人工单价存在一定的差距，此风险很难规避。所幸一般零星用工不会太大，此风险只能主动自留。

3）总承包服务费的风险自然可以通过提高总承包服务费费率来消化。

上述风险应对措施均是为了保证投标报价的风险储备进行的应对分析。若竞争激烈，则可能因此会降低中标概率。因此，在实际的投标报价风险应对分析中，为了保证中标率，也可以适当考虑让利，前提是能够承担让利风险。

5. 规费税金清单风险 C_5 的应对措施

规费税金清单风险识别的风险因素为：进项税金风险。

应对措施为：积极建立企业固定的材料、设备供应商，获取增值税发票，正常抵扣进项税金。若少数材料通过小规模纳税人采买，则可以在材料单价中考虑不能抵扣或抵扣不足的风险。

以清包工方式提供建筑服务，施工方不采购建筑工程所需的材料或只采购辅助材料，并收取人工费、管理费或者其他费用的建筑服务。一般纳税人以清包工方式提供的建筑服务，可以选择适用简易计税方法计税。

甲供工程是指全部或部分设备、材料、动力由工程发包方自行采购的建筑工程。一般纳税人为甲供工程提供的建筑服务，可以选择适用简易计税方法计税。

5.1.3 通用合同条款风险应对 （$w = 0.1577$）

通用合同条款风险在第 4 章分析中属于 A 类风险的只有价格调整条款风险 A_8。

价格调整条款风险识别的风险因素为：市场价格波动产生的工程量清单综合单价风险。

此风险主要针对不在调差范围内的材料及设备，因此，应对措施为：通过上调相关材料和设备的单价进行应对。

5.1.4 图纸风险应对 （$w = 0.0330$）

尽管图纸风险 D_1 不属于 A 类风险，但作为招标文件重要的组成部分，不妨对其识别出的风险因素"图纸质量风险"进行应对分析。

应对措施为：在投标报价过程中，发现图纸问题应在投标答疑截止时间前向招标人提出疑问。若发现问题太晚或招标人未能明确答复，则需要判断设计变更的可能性，若设计变更的可能性很大，则不需要应对，因为施工过程中可以通过签证得到合同外支付；若设计变更的可能性很小，则只能通过提高相关分部分项和单价措施费的综合单价及总价措施费的费率实现风险弹性区间的储备。

5.2　基于风险管理的投标报价流程优化

5.2.1　投标报价风险管理流程的构建

工程量清单计价模式下的风险识别、评价及应对的分析成果，需要反映到具体的投标报价工作中。在参考计价定额及企业定额完成常规投标报价的过程中，需要及时地得到风险提示，并进行具体的报价调整。这需要一套制度化的流程予以保障。

引入风险管理部门，以投标报价风险管理工程师为核心，构建基于风险管理的投标报价流程，如图 5-3 所示。

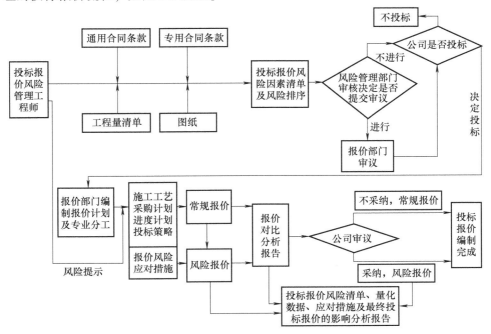

图 5-3　基于风险管理的投标报价流程

　　基于风险管理的投标报价流程注重风险管理部门和报价部门投标报价工作的并行联系，在报价中会进行三级决策，最终形成投标报价文件。

　　投标报价风险管理工程师会对通用合同条款、专用合同条款、工程量清单和图纸进行投标报价风险识别和排序等量化分析，形成投标报价风险因素清单及风险排序报告，上报风险管理部门审核决定是否提交审议。风险管理部门会依据总体风险的大小进行一级决策：若报告识别的风险太大，结论为不进行（投标）；反之，提交报价部门审议。

　　公司会根据风险管理部门的投标报价风险因素清单及风险排序报告及造价部门的审议进行二级决策。若决定投标，则正式启动风险管理部门和报价部门并行的报价编制过程。

　　在风险管理部门和报价部门并行的报价编制过程中，常规报价是指没有引入风险管理的企业，在考虑施工工艺、采购计划、进度计划和适度投标策略的情况下的报价。常规路径为：核算工程量清单工程量——参考计价定额组价——正常取费——适当考虑不平衡报价——总价整体打折——形成投标报价。这样的常规报价，并不是没有考虑风险，但却没有将风险具体量化落实，对风险只有总体"感觉"，属于粗放式的定性分析。风险报价则是指引入风险管理后，具体考虑风险应对后的报价。在引入风险管理后，常规路径将会阶段性收到风险提示并进行具体报价应对：针对性地对材料单价、分部分项综合单价、单价措施综合单价、总价措施费费率进行调整。并且，最后会将常规报价和风险报价做一个对比分析报告，这个报告不仅有总体的对比结论，还会有具体的有无风险对比。通过报告，可以清晰看出风险具体的量化影响。公司基于报价对比分析报告做出的是否采纳风险报价的决策则是最终的三级决策。

　　流程的最后是根据投标报价风险分析成果（投标报价风险清单、风险排序、应对措施及最终投标报价）编写影响分析报告。这主要用于项目实施过程中的后评估，以便积累经验，推进企业投标报价风险管理日常程序化。

5.2.2　投标报价风险管理工程师的职责分析

　　投标报价风险管理工程师是基于风险管理的投标报价流程的核心，他的职能需要准确界定，其职责主要包括：

　　1）协助报价经理和销售代表，对项目投标报价风险进行分析，组织编制部门风险备忘录。

　　2）协助项目经理，建立项目风险管理机制，提出规划与要求，并对项目可能存在的各种风险进行评估。

　　3）负责制订项目风险管理计划，并组织实施。

　　4）在项目实施阶段，协助项目经理，组织并协调项目内各方，对各方可能存在的风险进行识别、量化，制定对策并进行监控。

投标报价风险管理工程师不仅仅在投标报价时承担风险管理的核心工作，还需要在项目实施过程中跟进。这既是对投标报价风险管理工程师能力提升、经验积累的要求，也是持续常规化风险管理的需要。

5.3　本章小结

本章主要内容是投标报价风险应对措施分析和基于风险管理的投标报价流程优化。

针对 A 类风险进行了应对措施分析。应对措施是为了保证投标报价的风险储备进行的应对分析。若竞争激烈，则可能因此降低中标概率。在实际的投标报价风险应对分析中，为了保证中标率，也可以适当考虑让利，实际是由报价企业承担了可以通过报价化解的风险。

引入风险管理部门，建立以投标报价风险管理工程师为核心，注重风险管理部门和报价部门投标报价工作并行联系的基于风险管理的投标报价流程；并对投标报价风险管理工程师的职责进行了分析。

第6章 工程项目风险实例分析

限于篇幅，本章不进行表3-24全部风险因素的示例，而是通过典型工程实例的解析进行常见、重要风险的识别和应对分析。

【例6-1】 市场价格波动产生的工程量清单综合单价风险

综合单价的构成为人工单价、材料单价、机械单价和综合费。因此，人工单价、材料单价、机械单价和综合费的市场价格波动均会产生工程量清单综合单价的风险。某项目的人工调差表见表6-1。

表6-1 人工调差表（部分节选）

时间	培训楼						基坑支护		
	建筑人工费（元）	建筑调整系数（%）	人工费调整（元）	安装人工费（元）	安装调整系数（%）	人工费调整（元）	建筑人工费（元）	建筑调整系数（%）	人工费调整（元）
2016年1月	258720.00	24	5174.40	—	29	—	708996.92	24	14179.94
2016年2月	460992.31	24	9219.85	—	29	—	63817.69	24	1276.35
2016年3月	430291.54	24	8605.83	—	29	—		24	
2016年4月	484866.92	24	9697.34	—	29	—	21029.23	24	420.58
2016年5月	346777.69	24	6915.55	—	29	—		24	
2016年6月	600391.54	24	12007.83	—	29	—		24	
2016年7月	841321.54	24	16826.43	79460.77	29	1589.22		24	
2016年8月	389936.15	24	7798.72	31235.38	29	624.71		24	

表6-1根据实际工程每月产值对应的各专业工程人工费，分别进行调差。培训楼的土方工程与基坑支护并行施工，因此一开始每个月都有调差。安装工程要在主体施工后半段进场，因此，开始几个月没有人工费调差。

人工调差按照相关部门发布的人工调差文件进行，此风险其实由发包人承担，表6-1中的人工费调整均会在进度款中支付。

市场价格波动产生的工程量清单综合单价风险是指人工调差系数与实际项目的签约劳动工人工单价不一致时的风险，也就是按照表6-1调完"人工调差"后仍低于实际项目的签约劳动工人工单价，此时风险由承包人承担。

【例6-2】 暂估价约定风险

某项目外立面工程，在总包发包阶段无具体设计方案，因此工程费用作为专业工程暂估价计列（700万元）。项目实施过程中，根据合同约定，招标人拟对外立面开展分包招标，对外立面进行了深化设计。深化设计后确定招标控制价为1000万元。

1. 风险识别

由于外立面招标由招标人实施，因此不存在暂估价约定风险。表3-24中的暂估价约定风险是在承包人作为招标人的情况下可能发生的风险。与组织招标工作有关的费用是否包括在承包人的签约合同价（投标总报价）中？对于承包人负责招标的暂估专业工程，中标价取代专业工程暂估价，组织招标工作有关的费用是否考虑？上述问题用于判断是否存在风险。

2. 风险影响

尽管对于投标人而言，此外立面专业暂估不是风险。但深化设计后的1000万元招标控制价比总承包合同里的700万元专业工程暂估价多出了300万元，分析其风险影响。

首先，这300万元是招标人的风险。因为暂估的专业工程在确定专业工程价款后（无论是否招标），确定的价款（若招标则为中标价）取代专业工程暂估价，调整合同款。其次，招标人应对此风险，可以从两个方面进行：考虑人工费、机械费及材料费等的涨价幅度；考虑初步设计与深化设计之间可能的费用偏差，初步设计的也需要达到其应有的深度，避免初步设计功能性缺失导致的后期深化设计的重大偏差。

【例6-3】 材料单价调整风险

某教学楼工程约定的价格调整条款如图6-1所示。

> 16.价格调整
> 16.1 物价波动引起的价格调整
> 物价波动引起的价格调整方法： 采用造价信息调整价格差额 。
> 其他约定 监理人应按以下办法调整需要进行价格调整的材料单价：
> （1）施工期间，市场物价波动引起材料价格波动的风险幅度为5%，其中钢材、水泥、电线电缆、砂石、砖的风险幅度为3%。
> （2）具体调整方法按川建造价发〔2009〕75号文件规定的调整方法调整。
> （3）与工程造价信息中材料名称、规格、型号、产地、完全一致的装饰装修及安装材料价按施工当期信息价调整，否则，为不可调。

图6-1 某实例价格调整条款的约定

1. 风险识别

首先，调差范围很小，能调差的材料不多。根据图6-1中（3）款的规定：与工程造价信息中材料名称、规格、型号、产地完全一致的装饰装修及安装材料才能调差，意味着将不在信息价中的材料排除在调差范围以外；即使在信息价中，还要满足名称、规格、型号、产地完全一致才可调差。因此，（3）款几乎将装饰及安装工程的绝大多数材料的市场价格波动风险都转移为中标人承担的风险。

其次，钢材、水泥、电线电缆、砂石、砖的风险幅度为3%。《计价规范》9.8.2条规定：承包人采购材料和工程设备的，应在合同中约定主要材料、工程设备价格变化的范围或幅度；当没有约定，且材料、工程设备单价变化超过5%时，超过部分的价格应按照本规范附录A的方法计算调整材料、工程设备费。图6-1中（1）款约定了风险幅度范围，但较5%其实是缩小约定。如果材料价格以上涨居多，这有利于投标人。

2. 风险应对

除了钢材、水泥、电线电缆、砂石、砖，绝大多数材料价格要考虑市场波动风险，价格不能报太低；钢材、水泥、电线电缆、砂石、砖的价格正常报价。

3. 风险影响

根据图6-1中（2）款川建造价发〔2009〕75号文：

1）承包人投标报价中材料单价低于基准单价：施工期间材料单价涨幅以基准单价为基础超过合同约定的风险幅度值，或材料单价跌幅以投标报价为基础超过合同约定的风险幅度值时，其超过部分按实调整。

2）承包人投标报价中材料单价高于基准单价：施工期间材料单价跌幅以基准单价为基础超过合同约定的风险幅度值，或材料单价涨幅以投标报价为基础超过合同约定的风险幅度值时，其超过部分按实调整。

3）承包人投标报价中材料单价等于基准单价：施工期间材料单价涨、跌幅以基准单价为基础超过合同约定的风险幅度值时，其超过部分按实调整。

4）承包人应在采购材料前将采购数量和新的材料单价报送发包人核对，确认用于本合同工程时，发包人应确认采购材料的数量和单价。发包人在收到承包人报送的确认资料后3个工作日不予答复的视为已经认可，作为调整合同价款的依据。如果承包人未报经发包人核对即自行采购材料，再报发包人确认调整合同价款的，如发包人不同意，则不做调整。

本例以商品混凝土为例。该工程采用的商品混凝土由承包人提供，所需品种见表6-2。在施工期间，在采购商品混凝土时，采购单价分别为C20：327元/m³，C25：335元/m³；C30：345元/m³。表6-2为材料调差表（风险系数5%），表6-3为材料调差表（风险系数3%）。

表6-2 材料调差表（风险系数5%）

序号	名称、规格、型号	单位	数量	风险系数（%）	基准单价（元）	投标单价（元）	信息价（元）	涨（跌）幅	调差单价（元）	调差合价（元）	发承包确认单价（元）
1	商品混凝土 C20	m³	562.82	5	309	309	325	5.18%	0.55	309.55	309.55

（续）

序号	名称、规格、型号	单位	数量	风险系数（%）	基准单价（元）	投标单价（元）	信息价（元）	涨（跌）幅	调差单价（元）	调差合价（元）	发承包确认单价（元）
2	商品混凝土 C25	m³	1328.36	5	318	315	335	5.35%	1.1	1461.20	316.10
3	商品混凝土 C30	m³	3969.83	5	338	348	355	2.01%			348.00

表6-3　材料调差表（风险系数3%）

序号	名称、规格、型号	单位	数量	风险系数（%）	基准单价（元）	投标单价（元）	信息价（元）	涨（跌）幅	调差单价（元）	调差合价（元）	发承包确认单价（元）
1	商品混凝土 C20	m³	562.82	3	309	309	325	5.18%	6.73	3787.78	315.73
2	商品混凝土 C25	m³	1328.36	3	318	315	335	5.35%	7.46	9909.57	322.46
3	商品混凝土 C30	m³	3969.83	3	338	348	355	2.01%			348.00

表6-3是本例合同约定的调差风险范围，表6-2按5%的风险范围计算，以便与表6-3（3%风险范围）进行对比：

风险系数5%的价格调整条款约定下，调差合价 = 309.55元 + 1461.20元 = 1770.75元。

风险系数3%的价格调整条款约定下，调差合价 = 3787.78元 + 9909.57元 = 13697.35元。

风险幅度范围的缩小约定，如果材料价格以上涨居多，有利于投标人。

承包人承担的材料单价调整风险表6-4与表6-5对比，也能得出结论：风险幅度范围的缩小约定，如果材料价格以上涨居多，有利于投标人。

表6-4　承包人承担的材料单价调整风险（风险系数5%）

序号	名称、规格、型号	单位	数量	风险系数（%）	发承包确认单价（元）	承包方采购价格（元）	承包方承担的风险（元）
1	商品混凝土 C20	m³	562.82	5	309.55	327	9821.21
2	商品混凝土 C25	m³	1328.36	5	316.10	335	25106.04
3	商品混凝土 C30	m³	3969.83	5	348.00	345	− 11909.48

表6-5　承包人承担的材料单价调整风险（风险系数3%）

序号	名称、规格、型号	单位	数量	风险系数（%）	发承包确认单价（元）	承包方采购价格（元）	承包方承担的风险（元）
1	商品混凝土 C20	m³	562.82	3	315.73	327	6342.98
2	商品混凝土 C25	m³	1328.36	3	322.46	335	16657.63
3	商品混凝土 C30	m³	3969.83	3	348.00	345	−11909.48

风险系数5%的价格调整条款约定下，承包方承担的风险 = 9821.21元 + 25106.04元 + （−11909.48元） = 23017.77元。

风险系数3%的价格调整条款约定下，承包方承担的风险 = 6342.98元 + 16657.63元 + （−11909.48元） = 11091.13元。

【例6-4】　发包范围模糊或矛盾的风险

承包人与发包人签订《土方工程合同》，约定采用工程量清单计价。

招标文件特别说明，一切未填写报价于此细目表内的项目，均被视作包括在其他项目内。

《投标人须知》明确现场拆除包括回填旧河道和鱼塘等。

合同图纸未显示鱼塘清淤。

工程量清单未载明鱼塘清淤。

《询标答卷》只表明河道清淤费用包含在合同价款之中，并未提鱼塘清淤费用。

1. 风险识别

上述招标及投标文件关于鱼塘清淤工作是否属于合同包干范围的全部工作表述不一致，矛盾，故产生风险。

2. 风险应对

首先，招标时，承包范围模糊可能为施工方创造索赔机会，承包人一般不会要求发包人澄清，自断追加价款的可能。其次，承包人不会将模糊工作纳入施工组织范围，在报价时会有意不考虑该模糊工作，以降低总价，提高中标率。

3. 风险分析

承包范围即合同约定的工程范围。承包范围一般在投标须知、协议书等处约定。合同承包的是合同图纸上承包范围内的全部工作，而非图纸上的全部工作。

当施工单位中标后实施鱼塘清淤工作（模糊工作）前，承包人会要求发包人确认是否要实施该模糊工作并要求其追加相应价款。

【例6-5】　招标人补充的其他说明风险

在某项目的招标人补充的其他说明中，有一条关于措施项目的补充说明，如下：

投标单位应对图纸仔细阅读和理解，根据对设计图的理解，结合现场实际情况编制组织施工。模板、脚手架等措施项目应充分考虑该项目特点，除综合脚手架外，投标人应自行考虑填报其他脚手架及综合单价，项目工程量及综合单价包干使用，结算时不做调整。实施过程中，不得因施工抢工改变施工方案、基础换填或超挖加大施工高度等原因提出费用变更。

这条补充说明实际是发包人对单价措施进行的风险转移。

模板和脚手架等单价措施费在《计量规范》中均有工程量计算规则的规定。单价措施费的计算方法应该是按实算量，结合投标人的单价措施综合单价予以确定。但此项目却约定只对综合脚手架按实结算。其余脚手架及模板均不再计算工程量，而是工程量及综合单价包干使用，结算时不做调整。

合同约定的计费方法与《计价规范》不一致，产生了单价措施费的风险。例如，随着混凝土的工程量的变大（实际工程量大于工程量清单的量），模板的工程量也会随之变大，因此，模板措施费会随之增加。但根据合同约定，此风险由投标人承担。

【例 6-6】 工程量偏差风险

某合同依据《计价规范》（见图 6-2）进行了工程量偏差的如下约定：

对于任一招标工程量清单项目，因实际工程量与招标工程量清单出现偏差以及工程变更等原因导致的工程量偏差超过 15% 时，可进行调整。当工程量增加 15% 以上时，增加部分的工程量的综合单价调低 5%（即按照原综合单价 × 0.95 调整），当工程量减少 15% 以上时，减少后剩余部分的工程量的综合单价调高 5%（即按照原综合单价 × 1.05 调整）。

施工过程中，由于施工条件、地质水文、工程变更等变化以及招标工程量清单编制人专业水平的差异，往往会造成实际工程量与招标工程量清单出现偏差，工程量偏差过大，对综合成本的分摊带来影响。如突然增加太多，仍按原综合单价计价，对发包人不公平，如突然减少太多，仍按原综合单价计价，对承包人不公平。并且，这给有经验的承包人的不平衡报价打开了大门。因此，为维护合同的公平，本节作了以下规定。

对于任一招标工程量清单项目，如果工程量偏差和第 9.3 节规定的工程变更等原因导致工程量偏差超过 15%，调整的原则为：当工程量增加 15% 以上时，其增加部分的工程量的综合单价应予调低，当工程量减少 15% 以上时，减少后剩余部分的工程量的综合单价应予调高。可按下列公式调整：

(1) 当 $Q_1 > 1.15 Q_0$ 时，$S = 1.15 Q_0 \times P_0 + (Q_1 - 1.15 Q_0) \times P_1$ 　　　(1)

(2) 当 $Q_1 < 0.85 Q_0$ 时，$S = Q_1 \times P_1$ 　　　(2)

式中　S——调整后的某一分部分项工程费结算价；

Q_1——最终完成的工程量；

Q_0——招标工程量清单中列出的工程量；

P_1——按照最终完成工程量重新调整后的综合单价；

P_0——承包人在工程量清单中填报的综合单价。

如果工程量变化引起相关措施项目相应发生变化，如按系数或单一总价方式计价的，工程量增加的措施项目费调增，工程量减少的措施项目费调减。

图 6-2　《计价规范》工程量偏差规定

根据上述合同约定，按实进行工程结算，见表6-6。

表6-6　工程量结算分析

序号	项目编码	项目名称	计量单位	清单量	结算量	增（减）幅度	合同单价（元）	合同总金额（元）	结算总金额（元）
1	010607005001	砌块墙钢丝网加固	m²	2643.39	3681.61	39.28%	14.85	39254.34	54195.44
2	010801001001	成品实木套装门	m²	810.52	812.64	0.26%	307.66	249367.01	250016.82
3	010801004001	甲级木质防火门	m²	19.14	14.96	-21.84%	349.24	6684.45	5485.86
4	010807001002	断桥彩色铝合金窗	m²	736.05	648.741	-11.86%	410.57	302200.05	266353.59

工程量清单计价模式下的工程量的风险绝大多数由发包人承担，因为工程量按实结算。但当结算工程量的增减超过 ±15% 时，承包人会承担部分综合单价调价风险（工程量偏差超过15%的部分）。

1）砌块墙钢丝网加固：如果不调价，则总金额为（3681.61 × 14.85）元 = 54671.91 元。

实际，因为结算量增幅39.28%超过了15%，故

结算总金额 = [14.85 × 2643.39 × 1.15 + （3681.61 − 2643.39 × 1.15）× 14.85 × 0.95]元 = 54195.44 元

承包人承担的风险 = 54671.91 元 − 54195.44 元 = 476.47 元

2）成品实木套装门：结算工程量的增幅未超过15%，工程量按实结算，综合单价不调，因此承包人未承担风险。

3）甲级木质防火门：如果不调价，则总金额为（14.96 × 349.24）元 = 5224.63 元。

实际，因为结算量减幅21.84%超过了15%，故

结算总金额 = （14.96 × 349.24 × 1.05）元 = 5485.86 元

发包人承担的风险 = 5224.63 元 − 5485.86 元 = −261.23 元

4）断桥彩色铝合金窗：结算工程量的减幅未超过15%，工程量按实结算，综合单价不调，因此承包人未承担风险。

【例6-7】　进项税金风险

某投标人（建筑企业）是一般纳税人，承接一项目，合同金额为70000元，需采购钢管10t，采购金额为40000元。分析向不同的钢管供应商采买钢管，发票取得的不同对项目税负的影响（只考虑增值税的影响）见表6-7。

表6-7　不同采购方案对税负的影响

方案	方案1	方案2	方案3
销项税额（9%）（元）	5779.82	5779.82	5779.82

（续）

供应商类型	一般纳税人	小规模纳税人	
发票类型	专用发票	简易计税法	专用发票（代开）
采购数量/t	10.00	10.00	10.00
采购金额（元）	40000	40000	40000
税率或征收率	17%	3%	3%
可抵扣进项税额（元）	5811.97	0	1165.05
应缴纳增值税（元）	-32.15	5779.82	4469.14

表6-7中销项税额是一定的。

销项税额 $=70000$ 元$/(1+9\%)\times9\%=5779.82$ 元

但材料、设备的上游采购进项税由于一般纳税人及小规模纳税人的采购渠道不同而不同。

方案1：进项税额 $=40000$ 元$/(1+17\%)\times17\%=5811.97$ 元。

方案2：小规模纳税人不提供增值税发票，因此进项税额 $=0$。

方案3：小规模纳税人代开增值税发票，进项税额 $=40000$ 元$/(1+3\%)\times3\%=1165.05$ 元。

因此，3种采购方案最终的应缴纳增值税是不同的。

方案1：增值税 $=5779.82$ 元 -5811.97 元 $=-32.15$ 元。

方案2：增值税 $=5779.82$ 元。

方案3：增值税 $=5779.82$ 元 -1165.05 元 $=4614.77$ 元。

表6-7表明，材料采购的进项税金风险是需要在报价时考虑的风险。

【例6-8】 图纸质量风险、清单项目特征描述风险

1. 风险识别

施工单位根据其施工经验，发现图纸中无高架地板的开孔率及开孔位置的设计，遂在投标答疑会中提出了此疑问。招标人的回复为：高架地板有开孔率：①洁净走廊，开孔率为25%，满布率为50%；②其余净化房间，开孔率为25%，满布率为100%；③有微振要求的非净化房间，基础顶面为混凝土，房间架空地板均采用开孔率为25%，满布率为100%。

随后，施工单位识别出：工程量清单风险——分部分项工程量清单风险——清单项目特征描述风险。相关分部分项工程量清单项目特征描述见表6-8。

表6-8 分部分项工程量清单项目特征描述

| 序号 | 项目编码 | 项目名称 | 项目特征描述 | 计量单位 | 工程量 | 金额（元） | | |
						综合单价	合价	其中 暂估价
1	011104002001	高架地板	1）基层处理 2）1mm 环氧涂料面层（架空地板范围下） 3）800mm 高铸铝防静电架空活动地板，PVC 保护面层（600mm×600mm）	m²	396			

在项目特征描述中，没有提及高架地板的开孔率。项目特征描述的第3）条"800mm 高铸铝防静电架空活动地板，PVC 保护面层（600mm×600mm）"描述的高架地板可以理解为盲板（不开孔）。因此，工程量清单特征描述与答疑会招标人的回复不一致，被识别为风险。

2. 风险应对

施工单位的投标风险应对为：按照盲板（不开孔）报价。高架地板（不开孔）报价见表6-9。其中，未计价材料铝质防静电地板（含托架，PVC 保护面层）按不开孔报价，材料价格为 400 元/m²。

根据项目特征组价，不会抬高报价，不会降低中标率；同时，等待施工阶段的设计变更，申请签证，实现风险正偏离。

表6-9 高架地板（不开孔）报价

| 编号 | 项目名称 | 工程量 | 单位 | 综合 | |
				单价（元）	合价（元）
011104002001	高架地板	1960	m²	495.54	971258.40
AK0106	玻璃钢防腐面层，环氧玻璃钢，面漆一层	19.6	100m²	609.75	11951.10
AL0169 换	防静电活动地板，铝质600mm×600mm	19.6	100m²	48944.33	959308.87
	铝质防静电地板（含托架，PVC 保护面层）	2095.24	m²	400.00	838096.00
	其他材料费	4384.128	元	1.00	4384.13

3. 风险影响

施工过程中，设计单位关于高架地板设计新增开孔率的事宜，出具了设计修改通知（补充高架地板开孔率要求）。施工单位据此发起了签证申请。

根据设计变更，重新计算了高架地板的工程量：

1）开孔率为 25%（800mm 高）的高架地板面积为 1064m²。

2）开孔率为 25%（300mm 高）的高架地板面积为 605m²。

3）不开孔（800mm 高）的高架地板面积为 291m²。

其中，3）不开孔的高架地板综合单价不能调整，因为实际做法与项目特征一致；1）和 2）都可以签证，因为项目特征描述为盲板（不开孔），而设计修改为开孔，这是设计变更引起的签证。

此外，根据合同的约定："若对分部分项工程量清单中的某项材料进行变更，则不引起该项综合单价中人工费、机械费及其他材料费等的变化，仅对综合单价中的该项材料费进行价差调整，材料的消耗量按投标人单价分析表中的耗量为准，但不得超出《四川省建设工程工程量清单计价定额》（2015 版）的规定耗量。若超出，则以《四川省建设工程工程量清单计价定额》（2015 版）的规定耗量为准"。可以判定，此时可以申请变更签证。

签证需要对未计价材料铝质防静电地板（含托架，PVC 保护面层）不开孔材料价格 400 元/m² 进行价差调整，对开孔率 25% 的铝质防静电地板（含托架，PVC 保护面层）材料需重新认价。

甲乙双方最后对开孔率 25%（800mm 高）的铝质防静电地板（含托架，PVC 保护面层）认质认价为 500 元/m²；开孔率 25%（300mm 高）的铝质防静电地板（含托架，PVC 保护面层）认质认价为 450 元/m²。

因此，最终签证费用为：$[1064 \times (500 - 400) + 605 \times (450 - 400)]$ 元 = 13.67 万元。

此 13.67 万元属于正常风险应对后的正偏离。实际风险由发包人承担。

第7章 结论与展望

面对日益饱和的建筑市场，建筑企业之间的竞标形势愈演愈烈，有效地识别并控制投标报价过程中存在的各种风险，做出合理的投标报价对建筑企业承揽项目实现可持续发展有着特别重要的意义。本书以投标人的视角，分析和研究了作为投标人的建筑企业承揽工程项目时在投标报价阶段如何考虑风险，主要研究内容及成果如下：

1）梳理了我国现行工程量清单计价的概念、特点、实施程序及计价现状。阐述了投标报价风险、风险识别、风险评价的概念及理论，确定了本书的风险识别方法及评价方法。

2）运用文件查阅法和清单列表法，基于合同文件（投标时，为招标文件）的理性客观分析，排除人为主观风险因素（造价人员专业能力、失职、围标、串标、企业资质等）对投标报价的非常规影响，依据通用合同条款、专用合同条款、工程量清单和图纸进行风险识别分析，并据此设计工程量清单计价模式下的投标报价风险因素清单。

3）建立工程量清单计价模式下的投标报价风险评价指标体系；基于指标权重确定方法——AHP，借助 yaahp 软件进行风险指标权重的确定；最后，依据投标报价风险指标的权重进行风险指标的重要性排序，并对排序结果进行 ABC 分类法分析。

4）基于 ABC 分类，对 A 类风险进行应对措施分析，以便指导实际工程的投标报价。

5）引入风险管理部门，建立了以投标报价风险管理工程师为核心，注重风险管理部门和报价部门投标报价工作并行联系的基于风险管理的投标报价流程；并对投标报价风险管理工程师的职责进行了分析。

6）通过典型工程实例的解析进行常见、重要风险的识别和应对分析。

在分析研究过程中，参考了大量的优秀文献资料，由于专业知识水平有限以及经验不足等原因，文中难免有不当之处，关于投标报价风险的研究还需要进一步探索：

① 投标报价风险因素清单需要完善。在专用合同条款、工程量清单编制说明的风险识别时，选取了具有代表性的实际工程的专用合同条款和工程量清单编制说明进行风险识别，依此分析路径构建的投标报价风险因素清单难免遗漏，不够全面。因此，风险因素清单的补充、梳理将会是需要持续完善的工作。

　② 研究对象需要拓展。本书的研究对象为房屋建筑工程、土木工程、线路管道和设备安装工程、装修工程等建设工程。其中，土木工程包括道路工程、轨道工程、桥涵工程、隧道工程、水工工程、矿山工程、架线与管沟工程以及其他土木工程[10]。同属于土木工程，但由于专业特点的不同和归口管理的相关部门不同，招投标文件、合同示范文本、招投标费用构成均有差异。《示范文本》是住房和城乡建设部、国家工商行政管理总局联合发布的，因此本书的研究对象更侧重于房屋建筑工程。专用合同条款、工程量清单编制说明选取的是有代表性的房屋建筑工程的实例条款进行的风险分析。道路工程、轨道工程、桥涵工程、隧道工程、水工工程、矿山工程、架线与管沟工程以及其他土木工程的投标报价风险识别、评价及应对可以遵循同样的研究技术路线，分专业的研究将是今后的研究方向。

　③ 研究阶段需要拓展。《示范文本》适用于施工阶段的发包合同的签订，因此，本书主要侧重研究工程量清单计价模式下施工阶段的投标报价风险。工程总承包的投标报价风险的研究随着工程总承包的推行同样具有实践意义。

　④ 风险管理下的投标报价信息平台的构建研究。基于风险管理的风险管理部门和报价部门投标报价并行工作的投标报价流程，借助统一的信息平台可提高投标报价工作效率、提升企业管理水平和市场竞争力。如何与大数据、BIM信息平台信息共享，更好地挖掘数据信息，是今后的研究方向。

附录 评价指标相对重要性调查问卷

您好！本调查问卷是基于《工程量清单计价模式下的投标报价风险管理》的需要而进行的，旨在构建工程量清单计价模式下的投标报价风险评价的最终评价指标体系。此次问卷调查完全用于学术研究，不涉及其他用途，调查结果完全保密。衷心地希望借助您的专业知识和工作经验完成问卷填写。感谢您在百忙之中填写这份问卷！

第一部分：基本信息填写

1. 您的工作单位性质：（   ）。

A. 高校及科研单位   B. 业主单位   C. 工程造价咨询企业

D. 施工单位   E. 招标代理机构

2. 您的工作年限：（   ）。

A. 2 年以下   B. 2 ~ 5 年   C. 5 ~ 10 年   D. 10 年以上

第二部分：评价指标相对重要性比较

对评价指标进行两两比较确定分值，采用 1 ~ 9 标度值表示指标重要性大小，标度值与其含义见附表 1。

附表 1　1 ~ 9 标度值及含义

标　度　值	含　　义
1	表示两个因素相比，具有同等重要性
3	表示两个因素相比，一个因素比另一个因素稍微重要
5	表示两个因素相比，一个因素比另一个因素比较重要
7	表示两个因素相比，一个因素比另一个因素重要得多
9	表示两个因素相比，一个因素比另一个因素极为重要
2、4、6、8	重要性在上述两相邻判断标度值的中间
倒数	若因素 i 与因素 j 的重要性之比为 a_{ij}，那么因素 j 与因素 i 的重要性之比为 $a_{ji} = 1/a_{ij}$

工程量清单计价模式下的投标报价风险指标相对重要性打分见附表 2 ~ 附表 6。

附表2　工程量清单计价模式下的投标报价风险评价 U 的打分

目标 U	通用合同条款	专用合同条款	工程量清单	图　纸
通用合同条款	1			
专用合同条款		1		
工程量清单			1	
图纸				1

附表3　通用合同条款风险评价 A 的打分

A	一般约定条款	承包人条款	工程质量条款	安全文明施工与环境保护条款	工期和进度条款	材料与设备条款	变更条款	价格调整条款	验收和工程试车条款
一般约定条款	1								
承包人条款		1							
工程质量条款			1						
安全文明施工与环境保护条款				1					
工期和进度条款					1				
材料与设备条款						1			
变更条款风险							1		
价格调整条款								1	
验收和工程试车条款									1

附表4　专用合同条款风险评价 B 的打分

B	一般约定条款	承包人条款	工程质量条款	安全文明施工与环境保护条款	工期和进度条款	材料与设备条款	变更条款	价格调整条款	验收和工程试车条款
一般约定条款	1								
承包人条款		1							
工程质量条款			1						
安全文明施工与环境保护条款				1					
工期和进度条款					1				
材料与设备条款						1			
变更条款风险							1		
价格调整条款								1	
验收和工程试车条款									1

附表 5　工程量清单风险评价 C 的打分

C	工程量清单总说明	分部分项工程量清单	措施项目清单	其他项目清单	规费税金清单
工程量清单总说明	1				
分部分项工程量清单		1			
措施项目清单			1		
其他项目清单				1	
规费税金清单					1

附表 6　图纸风险评价 D 的打分

D	图　　纸
图纸	1

参 考 文 献

[1] 国家统计局. 中华人民共和国 2018 年国民经济和社会发展统计公报 [J]. 中国统计, 2019（3）：8-22.

[2] CHAPMAN C B, COOPER DALE F. Risk analysis for large projects：models，methods and case [M]. New York：John Wiley&Sons，1987.

[3] VAN DORP J R, DUFFEY M R. Statistical dependence in risk analysis for project networks using monte carlo methods [J]. International Journal of Production Economics，1999，58（1）：17-29.

[4] FAIRLY R. Risk management for software project [J]. IEEE Software，1994，11（3）：57-67.

[5] TUNMALA. A systematic approach to risk management [J]. Journal of Mathematical Modelling and Scientific Computing，1994（4）：174-184.

[6] 李霄鹏. 高铁建设项目合同群关联要素对项目成功的影响分析 [D]. 济南：山东大学，2012.

[7] JAAFRI A. Management of risks, uncertainties and opportunities on projects：time for a fundamental shift [J]. International Journal of Project Management，2001（19）：89-101.

[8] FABER M H, STEWART M G. Risk assessment for civil engineering facilities：critical overview and discussion [J]. Reliability Engineering and System Safety，2003（80）：173-184.

[9] 王卓甫. 工程项目风险管理：理论、方法与应用 [M]. 北京：中国水利水电出版社，2003.

[10] 沈建民. 项目风险管理 [M]. 北京：机械工业出版社，2003.

[11] 常虹，高云莉. 风险矩阵方法在工程项目风险管理中的应用 [J]. 工业技术经济，2007（11）：134-137.

[12] 马世超. 基于利益相关者和生命周期的建设项目动态风险管理研究 [J]. 建筑管理现代化，2009（2）：176-179.

[13] 王光荣. 建筑工程项目环境风险传导与扩散机理研究 [D]. 武汉：华中科技大学，2013.

[14] 王雄飞. 建筑安装工程项目风险管理研究 [D]. 成都：西南交通大学，2016.

[15] TUMMALA V M R, Mnkasu M, Chuah K B. A frame work for project risk management [J]. Me Research bulletin，1994，12（2）：68-74.

[16] JONATHAN KLEIN H. An approach to technical risk assessment [J]. International Journal of Project Management，1998，16（6）：345-351.

[17] PAUL R, GARVEY P R. Risk matrix：an approach for identifying，assessing and ranking program risks [J]. Air Force Journal of Logistics，1998（25）：16-19.

[18] BURNS J, NOONAN J. NASA risk assessment and management roadmap [C]. Systems Engineering Capstone Conference，Hampton，VA，2001：183-188.

［19］ JAMES H, LAMBERT, YACOV Y. Identification, ranking and management of risks in a major system acquisition ［J］. Reliability Engineering and System Safety, 2001 (2)：315-325.

［20］ CHOI H, CHO H, SEO J W. Risk assessment methodology for underground construction projects ［J］. Journal of Construction Engineering and Management, 2004, 138 (2)：258-272.

［21］ 宋书琴. 地下工程风险分析 ［D］. 南京：河海大学，2006.

［22］ HILLSON D. Using a risk breakdown structure in project management ［J］. Journal of Facilities Management, 2003, 2 (1)：85-97.

［23］ 王育宪. 企业管理的一个新分支：风险管理 ［J］. 管理世界，1985 (3)：75-90.

［24］ 李金昌，黄劲松. 风险理论发展的比较分析 ［J］. 经济学家，2006 (2)：125-128.

［25］ 练章富. 某天然气管道工程项目风险管理实证研究 ［J］. 科技传播，2011 (15)：49-50.

［26］ 向鹏成，常徽. 基于 HHM 的跨区域重大工程项目风险因素识别 ［J］. 世界科技研究与发展，2015, 37 (1)：67-72.

［27］ 梁华. 工程量清单计价模式下投标报价及风险分析 ［D］. 南宁：广西大学，2005.

［28］ 程卫帅，陈进. 防洪体系系统风险评估模型研究 ［J］. 水科学进展，2005, 16 (1)：114-120.

［29］ 王振飞. 地铁浅埋暗挖工程施工中的风险管理 ［J］. 隧道建设，2006, 26 (5)：97-100.

［30］ 周红波，姚浩，卢剑华. 上海某轨道交通深基坑工程施工风险评估 ［J］. 岩土工程学报，2006 (S1)：1902-1906.

［31］ MILGROM P R, WEBER R J. A theory of auctions and competitive bidding ［J］. Econometrica, 1982, 50 (5)：1089-1122.

［32］ CLEMMENS J P, WILLENBROCK J H. The SCRAPESIM computer simulation ［J］. Journal of the Construction Division, 1978, 104 (4)：419-435.

［33］ SEYDEL J, OLSON D L. Bids Considering Multiple Criteria ［J］. Journal of the Construction Engineering and Management, 1990, 116 (4)：609-623.

［34］ ASGARI S, AWWAD R, KANDIL A, et al. Impact of considering need for work and risk on performance of construction contractors：an agent-based approach ［J］. Automation in Construction, 2016 (65)：9-20.

［35］ 茅建木. 浅谈建筑工程项目招投标的风险管理 ［J］. 民营科技，2011 (5)：56.

［36］ 叶菱. 为应对工程招投标风险支招 ［J］. 城市开发，2012 (4)：68-69.

［37］ 吴进伟. 浅论工程招投标的风险管理 ［J］. 广东科技，2009 (20)：39-40.

［38］ 潘登. 工程承包商投标风险管理研究 ［D］. 长沙：湖南大学，2008.

［39］ 曾增，宋伟. 层次分析法在项目招标风险管理中的应用 ［J］. 山西建筑，2009, 35 (15)：236-237.

［40］ 韩永晖. 招标过程中的风险管理 ［J］. 城市建设理论研究，2013 (22).

［41］ 卢博，李昌恩. 传统定额和工程量清单两种计价模式的比较与研究 ［J］. 四川建筑，2011, 31 (6)：229-230.

［42］ 彭淑珍. 工程量清单计价模式下建筑企业投标决策研究 ［D］. 武汉：武汉理工大

学，2010.

[43] 李宏扬，时现，李跃水. 建筑工程工程量清单计价与投标报价［M］. 北京：中国建材工业出版社，2006.

[44] 王志伟. 论述工程量清单计价在招投标中的作用［J］. 黑龙江科技信息，2015（23）：207.

[45] 赵梦怡. 建筑工程多层级工程量清单的构建研究［D］. 武汉：武汉理工大学，2010.

[46] 宋静艳. 工程造价工程量清单计价方法的理论与应用研究［D］. 成都：西南交通大学，2009.

[47] 简红，薛奕忠，陈裕成，等. 基于2013版《建设工程工程量清单计价规范》的投标报价风险研究［J］. 工程管理学报，2013，27（6）：102-106.

[48] MOWBRAY A H, BLANCHARD R H, WILLIAMS C A. Insurance［M］. New York：McGraw-Hill, 1969.

[49] ROSENBLOOM J S. A case study in risk management［J］. Prentice Hall, 1973, 40（4）：33.

[50] CRANE F G. Insurance principles and practices［M］. New York：Willey, 1984.

[51] WILLIAMS C A, HEINE R M. Risk management and insurance［M］. New York：McGraw-Hill, 1985.

[52] 卢有杰，卢家仪. 项目风险管理［M］. 北京：清华大学出版社，1998.

[53] 邱菀华. 项目管理学：工程管理理论、方法与实践［M］. 北京：科学出版社，2001.

[54] 李中斌. 风险管理解读［M］. 北京：石油工业出版社，2000.

[55] 钟登华，张建设，曹广晶. 基于AHP的工程项目风险分析方法［J］. 天津大学学报，2002，35（2）：162-166.

[56] 弗兰根，诺曼. 工程建设风险管理［M］. 李世蓉，徐波，译. 北京：中国建筑工业出版社，2000.

[57] 尹志军，陈立文，王双正，等. 我国工程项目风险管理进展研究［J］. 基建优化，2002，23（4）：6-10.